加工用桃果

果实膨大期的设施蟠桃

北京市平谷区经申请批准后树立的
地理标志产品示范区"平谷大桃"品
牌标示牌

对照组 2～3～01（总 055）

品　　种：北京二十四号
目标产量：110 千克～130 千克
留 果 量：360 个左右
目标单果均重：300 克以上
施入基肥：发酵羊粪 210 千克
追　　肥："嘉吉"复混肥 2 千克
根外追肥：399 微电活能叶面喷施 2 ？

桃农在桃标准化生产中进
行目标管理的标牌

1

桃园春季起垄覆膜状

桃树三主枝树形

平谷桃产区应用长枝修剪技
术修剪的幼年桃树

设施纺锤形桃树整枝
后能立体结果

2

手掌所指范围是桃
枝结果的好部位

桃农正在进行桃树疏花作业

桃树疏花后的留花状

桃树果实套袋状

3

温室桃树在冷天开花

在花期对设施桃树覆地膜
降低空气湿度

在栽培设施中放蜂为桃树授粉

采用滴灌方式为设施
栽培桃树给水

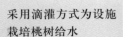

4

建设新农村农产品标准化生产丛书

桃标准化生产技术

谷继成　任建军　编著

金盾出版社

内 容 提 要

　　本书以桃无公害生产相关标准为依据,主要介绍桃标准化生产的意义及对策,桃标准化生产的优良品种选择,桃树苗木的标准化繁育,桃园的标准化建立,桃园土肥水的标准化管理,桃树的标准化整形修剪与花果管理,桃树病虫害标准化防治,桃树温室标准化栽培,桃果的标准化采收、处理与贮运,以及把握与落实桃果的安全质量标准等内容。全书内容系统,标准明确,技术先进,方法实用,可操作性强,便于学习和使用。可供广大果农、果树技术人员及农林院校有关专业师生应用与参考。

图书在版编目(CIP)数据

　　桃标准化生产技术/谷继成,任建军编著.—北京:金盾出版社,2008.1
　　(建设新农村农产品标准化生产丛书)
　　ISBN 978-7-5082-4792-2

　　Ⅰ.桃…　Ⅱ.①谷…②任…　Ⅲ.桃-果树园艺-标准化
Ⅳ.S662.1

　　中国版本图书馆 CIP 数据核字(2007)第 177621 号

金盾出版社出版、总发行
北京太平路 5 号(地铁万寿路站往南)
邮政编码:100036　电话:68214039　83219215
传真:68276683　网址:www.jdcbs.cn
彩色印刷:北京精彩雅恒印刷有限公司
黑白印刷:北京蓝迪彩色印务有限公司
装订:北京蓝迪彩色印务有限公司
各地新华书店经销
开本:787×1092 1/32　印张:7.875　彩页:4　字数:166 千字
2008 年 5 月第 1 版第 2 次印刷
印数:8001—18000 册　定价:12.00 元

序　言

　　随着改革开放的不断深入,我国的农业生产和农村经济得到了迅速发展。农产品的不断丰富,不仅保障了人民生活水平持续提高对农产品的需求,也为农产品的出口创汇创造了条件。然而,在我国农业生产的发展进程中,亦未能避开一些发达国家曾经走过的弯路,即在农产品数量持续增长的同时,农产品的质量和安全相对被忽略,使之成为制约农业生产持续发展的突出问题。因此,必须建立农产品标准化体系,并通过示范加以推广。

　　农产品标准化体系的建立、示范、推广和实施,是农业结构战略性调整的一项基础工作。实施农产品标准化生产,是农产品质量与安全的技术保证,是节约农业资源、减少农业资源污染的有效途径,是品牌农业和农业产业化发展的必然要求,也是农产品国际贸易和农业国际技术合作的基础。因此,也是我国农业可持续发展和农民增产增收的必由之路。

　　为了配合农产品标准化体系的建立和推广,促进社会主义新农村建设的健康发展,金盾出版社邀请农业生产和农业科技战线上的众多专家、学者,组编出版了《建设新农村农产品标准化生产丛书》。"丛书"技术涵盖面广，涉及粮、棉、油、肉、奶、蛋、果品、蔬菜、食用菌等农产品的标准化生产技术；内容表述深入浅出，语言通俗易懂，以便于广大农民也能阅读和使用；在编排上把农产品标准化生产与社会主义新农村建设巧妙地结合起来，以利农产品标准化生产技术在广大农村和广大农民群众中生根、开花、结果。

我相信该套"丛书"的出版发行，必将对农产品标准化生产技术的推广和社会主义新农村建设的健康发展发挥积极的指导作用。

王连铮

2006 年 9 月 25 日

注：王连铮教授是我国著名农业专家，曾任农业部常务副部长、中国农业科学院院长、中国科学技术协会副主席、中国农学会副会长、中国作物学会理事长等职。

前　言

桃 *Prunus persica* （L.）Batsch 属于蔷薇科（*Rosaceae* spp.）李属（*Prunus*），是一种温带落叶果树。桃起源于黄河上游的高原地区，包括陕西省和甘肃省。因此，我国是拥有桃种质资源最多的国家。我国桃的栽培历史已有 3 000 多年。

桃果汁多味美。民间流传着吃桃长寿的说法。这种说法已经被现代科学所证实。据分析，每 100 克鲜桃肉含水分 87.5 克，蛋白质 0.8 克，脂肪 0.1 克，糖类（碳水化合物）10.7 克，钙 8 毫克，磷 20.0 毫克，铁 1.2 毫克，胡萝卜素 0.06 毫克，维生素 B_1 0.01 毫克，维生素 B_2 0.02 毫克，维生素 B_5 0.07 毫克，维生素 C 6.0 毫克。桃中所含的丰富的维生素和各种有机酸，能促进血液循环，具有抗疲劳、抗衰老、解毒和强化免疫力的功效。据古医书记载，桃具有良好的美容效果。现代研究还表明：桃果肉还含有人体不能合成的多种氨基酸，特别是极早熟桃中氨基酸含量更为丰富。桃对尼古丁和酒精有解毒作用。桃树全身都是宝，除果实外，桃的根、叶、皮、花、果、仁均可入药。桃胶和其他原料结合起来，可替代阿拉伯树胶作为轻工业原料，桃核可以制成活性炭。桃仁含油量高达 45%，可以榨取工业用油。

桃果除鲜食外，还可以制成加工品，如蜜饯、桃干、桃酱、桃汁和罐头等。桃枝、桃根也能制成各种工艺品。

随着我国农村经济产业结构的调整，桃产业迅猛发展，桃的产量在我国水果产量中，已排名第六位。

桃品种繁多，生产供应期长，如果充分发挥气候互补性及保护地栽培的优势,可以实现鲜桃市场的周年供应。

桃果是我国人民喜爱的优良水果。桃树在我国栽培面积宽广。但是,我国多数桃产区至今还沿用传统的重产量、轻质量的生产技术,妨碍了桃果质量的改善和桃产业经济效益的提高。我国加入世界贸易组织以后,桃产业面临发展机遇与挑战风险同在的局面。为了满足国内市场对优质安全桃果的需要,也为了扩大桃产品的国际市场,就必须实行桃标准化生产。凡已实行桃标准化生产的桃产区,都取得了高产、高质和高效益的丰硕成果。如北京市平谷区的大桃生产基地,实行桃标准化生产,采用并改进了大桃增甜、嫩梢疏除及桃花营养液补肥等技术,创造了露地大桃亩产值上万元的高效益,就是典型的成功代表。

为了推动桃标准化生产,我们编写了《桃标准化生产技术》一书。以国家现行标准和行业标准为依据,融国内外桃生产成功经验、最新研究成果和先进实用技术于书中,力求对桃树产业者有所指导和帮助。但是,由于自己水平有限,书中纰漏与错误难免,恳请广大读者和同行批评与指正。

本书的编写内容,侧重于桃产区的实用技术,多数技术直接来源于桃产区成功桃农的种桃实践。同时,也借鉴了北京市平谷区果品办公室和北京农学院关于桃树标准化生产技术的总结性材料。平谷区大桃种植户王永先生,平谷区果品办公室朱亚静、关伟技术员,以及北京农学院梁为研究生,都为该书的编写做出了贡献。在此,谨对上述单位和个人,表示衷心的感谢!

编 著 者

2007 年 10 月 17 日

目　录

第一章　桃标准化生产的概念和意义

一、桃标准化生产的概念

《中华人民共和国标准化法条文解释》中指出：标准化的含义是："在经济、技术、科学及管理等社会实践中，对重复性事物和概念通过制定、实施标准达到统一，以获得最佳秩序和社会效益的过程。"在农业生产中，为克服忽视农产品的安全与质量问题，使农产品的安全性、产量与质量，得到全面的提高，使农业生产的经济效益和农民的收入不断增加，实行农产品标准化生产是十分必要的。

桃标准化生产，是以农业科学技术和实践经验为基础，运用"统一、简化、协调、选优"的原则，把先进的农业科技成果和经验，转化成标准，在农业生产中加以实施，使桃果实的产前、产中和产后全过程，纳入标准化生产和标准化管理的轨道。其内涵就是指桃的生产经营活动，要以市场为导向，建立健全规范的生产工艺流程及其监控衡量标准。简言之，桃标准化生产能产生更大的经济效益、生态效益和社会效益。

二、桃标准化生产的意义

桃生产标准化，是农业标准化的重要组成部分，是果品生产中综合性的管理手段之一，是关系到无公害桃基地建设，桃果优质安全的基础工作，也是桃产业持续发展、桃农增产增收的必由之路。

（一）实行标准化生产可保障食品安全

我国农产品质量，与发达国家相比，还存在一定的差距，与人民大众的要求也很不相适应，水果产品更为突出。事实证明，种植者农业标准化意识淡薄，无标准地进行生产操作，是导致农产品质量不高的主要原因。实行标准化生产，将各个生产环节都纳入合理的标准控制之中，生产出安全优质的合格产品，就可以使广大消费者的食品安全得到根本的保障。

（二）实行标准化生产可增加农民收入

将果树按照标准化生产的要求进行栽培管理，所生产安全优质果品的价格会得到大幅度的提升。进行果树标准化生产，从品种选育到不同生长时期的管理，都严格按规范的工艺标准进行操作，使得每种果品大小整齐一致，外形美观，内质营养丰富，风味佳美。收获后，又进行优选、打蜡和抛光，并按照标准规程进行包装处理。因此，这些果品在市场上的价格就十分可观，果农的经济收入也就自然丰厚。

（三）桃标准化生产是进入国际市场的通行证

发展中国家农产品进入发达国家市场的速度日益加快。针对这一趋势，发达国家制定了越来越严格的农产品质量标准、质量认证和检测程序、标签和包装标准，如欧盟近年来宣布禁止使用的农药，从旧标准的 29 种增加到了新标准的 62 种，茶叶的农药限量标准比原标准提高了 100 倍以上。面对这种形势，桃果要打入国际市场，就必须实行桃标准化生产，实现桃的产业化，提高桃果的安全性、营养性和适应性。这样,才能打破贸易壁垒,使桃果进入国际市场,并站稳脚跟,成为国际上桃果消费者的抢手货。

三、桃标准化生产的现状和对策

我国对果品标准化工作日益重视,并不断出台相关的政策和法规。

20世纪50年代后期,我国各果树主产区陆续提出果品生产标准化,并制定了一些地方标准和技术规程。截至目前,累计完成农业方面的国家标准1 056项,农业行业标准6 179项。各省、市、自治区都设置了标准化管理机构。我国果品标准化生产已经起步,其发展正方兴未艾。

(一)桃标准化的生产现状

1. 制定桃果的质量标准

所制定的产品质量标准,包括品种、外观等级、感官标准、理化标准和卫生安全标准等各个方面。这些标准,已成为桃标准化栽培管理的依据,总结经验的基点,衡量工作的尺度,发展生产的起点。

2. 制定生产规程

桃农在生产中能够用到的栽培技术和量化指标,包括苗木繁殖、栽植方法、修剪,到使用的肥料、农药,土肥水管理、果实采收和农产品加工过程中的车间卫生条件、加工设备的条件、包装材料、贮运时间、温度以及贮存的天数等,都有明确的指标。使桃的栽培管理过程,环环有章程可循,处处有标准可依,从而实现桃果生产的规范化。执行这些指标,对所属区域的桃生产实行统一规划,统一部署,使桃农统一认识,协调行动,实行一定规模的商品化生产,就能产生良好的经济效益和生态效益。

3. 制定政府部门宏观指导性的指标

这些指标包括桃的品种、园地环境、生产过程、包装贮运和产品检测等。

4. 尚需进一步制定和完善指标

桃标准化生产的指标,包括对特定区域、特定品种的生产技术规程指标、土壤性质指标以及生产环节中能够细化的指标等。同时,还要借鉴国外先进的农产品安全卫生指标分析方法和仪器,取代传统的重量法、容量法、比色法、酸法消解和感官判定等分析手段。这些指标的制定和完善,以及安全分析手段的改进,桃的标准化生产就能获得更加长足的发展。

(二)促进桃标准化生产的对策

1. 示范引路逐步推广

有的生产技术标准脱离实际,照搬照抄,盲目引用,所制定的指标、条款不全面。这不利于桃标准化生产的实行。如果能结合我国实际情况,加以组织制定确实先进而又切实可行的标准,并借鉴国外相关标准,就能够把最新的科技成果和标准引入到生产规程中,使桃标准化生产得到广泛的推广。

目前,政府坚持"重点突破、典型引路、以点带面、逐步推广"的方针,通过建立桃标准化示范园,"做给农民看,引导农民干",取得了良好的效果,比如北京市平谷区果树产业协会和果品办公室,把桃的标准化栽培要点印成挂历发给桃农。

另外,把桃标准化生产与实施农业名牌战略结合起来进行,让果农从中得到实惠,也能调动果农的积极性和主动性。还可以组织果农进行培训,把桃标准化与提高农民的科学文化素质结合起来。

2. 要研究学习发达国家现行的标准体系

当前,我国农产品标准采标率极低,未及时与国际接轨。据统计,我国蔬菜、水果、茶叶等十大类农产品的采标率只有10.6%。安全卫生指标也要求偏低。不仅农药残留限量项目少,而且限量要求也低。如我国对食用菌的农药残留限量是3项,而日本则多达127项。

当然,也应当注意考虑我国的生产实际情况,不能不切实际地盲目提高标准。要考虑我国农业生产力发展水平以及人们对农产品质量安全的要求。

3. 要把标准化与产业化结合起来

从全球的农业生产模式来看,美国的生产模式是:土地要素＋技术要素＋资本要素与高度机械化大生产(依赖标准化生产);日本、荷兰的生产模式是:技术要素＋资本要素与工厂化设施保护地生产(依赖标准化生产);以色列生产模式是:技术要素＋资本要素与精准农业生产(依赖标准化生产)。而我国目前是以人力要素为主、家庭联产分散经营的模式(随意性明显)。应当大力推广"龙头企业＋基地＋农户"的农业产业化模式(引入标准化生产)。事实证明,不管哪一种模式,要实现农业的规模化、现代化、高效益和可持续发展,实现标准化规范管理是必由之路。

因此,要实现桃业的持续发展就必须建立和完善桃的标准化体系,围绕农业产业化、市场化的需要,开展桃标准化工作。要把桃标准化的实施与农业产业化有机地结合起来。

第二章　桃标准化栽培的优
良品种与砧木选择

《中国果树志——桃卷》记载:世界上桃品种数目有 3 000
个以上。我国在桃种质资源圃保存的品种有 500 余个,分布
在民间的地方品种约有 500 余个,其中栽培品种约有 800 份。
选择优良品种,做到适地适栽,是桃标准化生产的先决条件。

一、桃品种选择的要求

(一)要选择适地适树品种

选择品种,要优先考虑该品种对当地水土、气候的适应
性,特别是对新引入品种,更需注意。如大久保桃,在北方地
区表现性状良好,而在江南地区的栽培结果则不理想,产量也
低。又如京川桃,在北方花芽冻害严重,而引种到重庆市却表
现为丰产,成为加工原料的主栽品种之一。

(二)要考虑到大桃的贮运因素

交通方便与否,距销售市场的远近,这也必须考虑。如在
城市近郊及旅游点上,可选用肉质较软的品种。而距市场较
远或要远途运输的,则应选择肉质硬韧的或硬肉桃品种。

(三)要考虑到供应市场的时效性

配置桃树品种时,应注意不同成熟期品种的搭配比例,根

据市场的需求及本地其他水果上市情况而选配。具体的比例,可依据各地的不同实际情况,并按照市场的变化而作适当调整。淡季销售的鲜食桃优良品种,能够带来更好的经济效益,可考虑作为首要的选择。

目前,我国桃生产中仍存在着早熟和中早熟品种过多,晚熟品种过少的问题。在选择早熟或极早熟品种时,要注意克服品质较差、果个较小、风味较淡和着色不良的问题。现有的少数晚熟品种,特别是极晚熟品种中,综合性状非常优良的也不多,要慎重选择,优先考虑防止冻害的问题。

桃的加工原料品种的选择,是依据加工厂的加工时期和加工能力来确定的。但是,也必须是不同成熟期的合理配置,来满足工厂的加工要求。

(四)要考虑产品的用途

以鲜果供应市场的,要选择果型大,肉质柔软,果形整齐,果面色泽艳丽,糖酸比高,风味浓郁而具芳香的桃品种。

以罐藏和果脯等加工原料的生产为主要目的的,要选择果实横径在 6 厘米左右,两半对称,大小均匀,核小肉厚,核周果肉无红色或少红色,果肉内无红色渗入,果肉为不溶质,金黄色或白色,含酸量可高于鲜食品种的加工品种。

总体来看,油桃和蟠桃相对较少,加工桃波动不稳,这是应当注意的情况。

(五)要考虑授粉问题

桃树多数品种可自花结果,但异花授粉也有提高产量的表现。有一些桃树品种,花粉败育,不能自花结实,如砂子早生、白花、华玉、八月脆和丰白等品种,都必须配置授粉树,产量才有保证。授粉树品种的花期,要与被授粉品种的花期相同,而且花粉量要多。授粉树可以同是主栽品种或主要品种,其比例可以为 1∶1,1∶2 或 1∶3,但一般不少于 1∶5。

二、桃优良品种

(一)白肉桃优良品种

白肉桃通常指普通桃,一般果形为圆形或椭圆形,果实表面布满茸毛,果肉白色,个体较大。这些特点符合国内消费者传统的消费心理。有很多普通品种桃果,可作为鲜食和加工兼用。

1. 早熟品种

果实发育期不足 100 天的品种,称为早熟品种。

(1)源东白桃(金华白桃) 在北京地区,该品种的果实于6月下旬成熟。平均单果重 250 克,最大单果重 485 克。含可溶性固形物 13%～15%。软溶质。粘核。果实达到 7～8 成熟时甜脆多汁;硬度较大,耐贮运;在自然条件下放置 10 天不烂。树势较健,以中、长果枝结果为主,无花粉,在授粉条件良好的情况下丰产。此品种树适应性广,耐瘠薄,抗病性强,是一个很有发展前途的鲜食兼加工品种。果实发育期为 65 天。

(2)早桃王 在北京地区,果实于6月下旬成熟。平均单果重 200 克,最大单果重 350 克。可溶性固形物含量为 13%～15%。粘核。无花粉。

(3)早黄蜜 在北京地区,果实于7月初成熟。平均单果重 200 克,最大单果重 300 克。可溶性固形物含量为 14%～

16%。粘核。有花粉。耐贮运。

(4)京蜜一号　在北京地区,果实于 7 月 10 日左右成熟。平均单果重 200 克,最大单果重 450 克。可溶性固形物含量为 10.5%～11.5%。硬溶质。耐运输。离核。树势较健壮,树姿半开张。有花粉。丰产。果实发育期为 80 天。

(5)神州红　在北京地区,果实于 7 月上中旬成熟。平均单果重 250 克,最大单果重 400 克。可溶性固形物含量为 11%～12%。硬溶质。粘核。果实采摘期长达 30 天。树势强健,树姿较直立,以中、长果枝结果为主。无花粉,在良好的授粉条件下,丰产。果实发育期为 82 天。

(6)早凤王(大平顶)　在北京地区,果实于 7 月中旬成熟。平均单果重 300 克,最大单果重 620 克。可溶性固形物含量为 11.2%。硬溶质,风味甜而硬脆。粘核。耐贮运。树势强健,树姿直立,以中、短果枝结果为主。无花粉,在良好的授粉条件下,丰产。果实发育期为 88 天。花芽抗寒能力较差,有时会出现花芽僵死现象。

(7)90-34-2　在北京地区,该品种的果实于 7 月中旬成熟。平均单果重 200 克,最大单果重 300 克。可溶性固形物含量为 10%。硬溶质,风味甜脆。离核。树势中庸,树姿开张。各类果枝均能结果。有花粉。丰产性强。果实发育期为 90 天左右。

(8)瑞红　在北京地区,果实于 7 月中旬成熟。平均单果重 200 克,最大单果重 250 克。可溶性固形物含量为 10%。硬溶质。粘核。果面全部着红色。耐贮运。无花粉,需配植授粉树或人工授粉。果实发育期为 83 天左右。

(9)早熟有明　在北京地区,果实于 7 月中旬成熟。平均单果重 255 克,最大单果重 320 克。可溶性固形物含量为

12%～14%。粘核,核小。果实茸毛稀、短,果面近全红,色泽美丽。果实硬度大,极耐贮运。风味甜脆。树势较健。各类果枝均能结果。有花粉,丰产。果实发育期为82天左右。

(10)庆　丰　在北京地区,果实于7月中旬成熟。平均单果重154克,最大单果重208克。可溶性固形物含量为9%。半离核。有花粉,花粉量大。较耐贮运。此品种果实肉质柔软,汁液多,风味甜。近核处微酸。

(11)大红桃　在北京地区,果实于7月下旬成熟。平均单果重250克,最大单果重400克。可溶性固形物含量为11.2%～13%。硬溶质。离核。果实外观美丽,粉红色,着色率达80%。耐贮运。以中、长果枝结果为主。无花粉。在良好的授粉条件下,坐果率高,丰产。果实发育期为89天左右。

2. 中熟品种

果实发育期在100～120天之间的,称为中熟品种。

(1)大久保　在北京地区,果实于7月底到8月初成熟。平均单果重250克,最大单果重可达500克。可溶性固形物含量为12%。硬溶质。肉质致密。离核。汁液多,风味甜酸而浓。树势较健,树姿开张,以中、长果枝结果为主。有花粉,自花结实率高,丰产性好。果实发育期为105天左右。必须适当疏果,以保证果实品质和延长盛果期年限。

(2)大红桃　在北京地区,果实于7月下旬成熟。平均单果重250克,最大单果重400克。可溶性固形物含量为11%～13%。离核。无花粉。耐贮运。采摘期长。

(3)京　玉　在北京地区,果实于8月上旬成熟。平均单果重195.5克,最大单果重233克。可溶性固形物含量为9.5%。离核。肉质松脆,完全成熟后为粉质。纤维少,汁液少,风味甜。树势较强,树姿半开张,以中长果枝结果为主。

复花芽多。抗冻力强。有花粉,花粉量大。丰产性好。耐贮运。此品种抗冻性强。生理落果少。由于完全成熟后品质下降,故要在八成熟时采收。

(4)红不软 在北京地区,果实于 8 月中旬成熟。平均单果重 250 克,最大单果重 512 克。可溶性固形物含量为 11%～12.8%。硬溶质,离核。果实全红不易软。耐贮运。树势强健,树姿直立,以中、长果枝结果为主。有花粉,自花结实率高。果实发育期为 115 天。

(5)久保王 在北京地区,果实于 8 月中旬成熟。平均单果重 280 克,最大单果重可达 520 克。可溶性固形物含量为 12.1%。硬溶质。离核,核小。果实外观美丽,着色率 70% 以上。风味甜酸,汁液较少,纤维少。韧性大,耐贮运。果实发育期为 115 天。

(6)晚白凤 在北京地区,果实于 8 月中旬成熟。平均单果重 250 克,最大单果重 300 克,可溶性固形物含量为 12%～12.8%。肉质细白,软溶质。粘核。树势中庸,树姿开张,以中、长果枝结果为主。有花粉。自花结实能力较强,丰产。果实发育期为 115 天。

(7)华 玉 在北京地区,果实于 8 月中下旬成熟。平均单果重 270 克,最大单果重 400 克。可溶性固形物含量为 13.5%。肉质特硬,果肉不变褐。极耐贮运。货架时间长。离核。树势中庸,树姿半开张。有花粉。各类果枝均能结果,坐果率高,结实能力强,很少有落果现象。果实发育期为 115 天。

(8)燕红(绿化 9 号) 在北京地区,果实于 8 月中下旬成熟。平均单果重 300 克,最大单果重 750 克。可溶性固形物含量为 13.6%。硬溶质,粘核,核小。套袋生产后,果实颜色鲜艳,全红;充分成熟时香气浓。树势强健,树姿直立,有花粉。各类果枝均能结果，以中、短果枝结果良好。果实发育期为 115 天。此品种有采前落果现象，果实膨大期雨水多时有裂果发生。因此，要注意排水和适时灌水。

3. 晚熟品种

果实发育期在 120 天以上的品种，称晚熟品种。

(1) 八月脆　在北京地区，果实于 8 月下旬成熟。平均单果重 245.5 克，最大单果重 700 克。可溶性固形物含量为 10.0%。硬溶质。粘核。树势强健，树姿半开张。无花粉。以中长果枝结果为主。果实发育期约 103 天。耐贮运。采前应适当增施磷、钾肥。栽培必须配置授粉树或进行人工授粉。

(2) 二十一世纪　在北京地区，果实于 8 月下旬成熟。平均单果重 350 克，最大单果重 750 克。可溶性固形物含量为 13%～16%。硬溶质。粘核。果实肉质致密，风味甜，有香气。树势强健，树姿直立。有花粉。以中、短果枝结果为主。果实发育期为 130 天。

(3) 离核脆　在北京地区，果实于 8 月下旬成熟。平均单果重 250 克，最大单果重 400 克。可溶性固形物含量为 13%。离核。有花粉。极耐贮运。

(4) 京艳(北京 24 号)　在北京地区，果实于 8 月底到 9 月初成熟。平均单果重 285 克，果大单果重 650 克，可溶性固形物含量为 12.8%。硬溶质。粘核。风味甜，充分成熟时，甜香宜人。树势中庸，树姿半开张。有花粉。各类果枝均能结果，以中、短果枝结果优良。果实发育期为 120 天。此品种可鲜食加工兼用。耐贮藏。栽培上要加强肥水管理，采前 1 个月应适当施磷、钾肥。同时也要控制水分，以免采前落果。

(5) 大东桃　在北京地区，果实于 8 月下旬至 9 月中旬成熟。平均单果重 300 克，最大单果重 500 克。可溶性固形物含量 13%。粘核。有花粉。耐贮运。采摘期长达 40 天。

(6)晚 24 号 在北京地区,果实于 9 月中旬成熟。平均单果重 300 克,最大单果重 500 克。可溶性固形物含量为 13%。粘核。耐贮运。有花粉。

(7)晚九号 在北京地区,果实于 9 月中下旬成熟。平均单果重 300 克,最大单果重 700 克。可溶性固形物含量为 13%~15%。粘核。耐贮运。有花粉。该品种为北京市平谷区重点推广品种。

(8)陆王仙 在北京地区,果实于 9 月中下旬成熟。平均单果重 500 克,最大单果重 1 000 克。离核。耐贮运。果肉甘甜。品质上等。常温下可贮放 20 天,低温下可贮至春节。

(9)晚久保 在北京地区,果实于 9 月下旬成熟。平均单果重 200 克,最大单果重 450 克。可溶性固形物含量为 11.2%~13%。硬溶质。离核。幼树时结的果实较小。树势较强健,树姿开张。有花粉。各类果枝均能结果,以中、长果枝结果品质优良。果实发育期为 150 天。

(10)红 丰 在北京地区,果实于 9 月下旬成熟。平均单果重 250 克,最大单果重 600 克。可溶性固形物含量为 12%。硬溶质。粘核。果实全红。无花粉。在良好的授粉条件下,可丰产。果实发育期为 153 天。

(11)艳丰一号(艳红 24 号) 在北京地区,果实于 9 月下旬成熟。平均单果重 300 克,最大单果重可达 720 克。可溶性固形物含量为 13%。硬溶质。粘核。耐贮运。树势强健,树姿半开张。有花粉。以中、短果枝结果为主。果实发育期为 153 天。

(12)中华寿桃 在北京地区,果实于 10 月上中旬成熟。平均单果重 278 克,最大单果重 975 克。可溶性固形物含量为 18％。硬溶质。粘核。果实近圆形,顶端微凸出。果皮底色乳白,着红晕。果肉乳白,风味甜。耐贮运。树势强健,树姿直立,以短果枝结果为主。果实发育期为 195 天。有些地区栽培时,表现出裂果、着色差和成熟时果肉褐变等缺点。

(二)蟠桃优良品种

蟠桃果实扁平,果核小,可食比率高,拿捏方便,比普通桃甜度大。它作为花色桃果,很受消费者的喜欢。

1. 早熟品种

(1)早露蟠桃　在北京地区,果实于 6 月下旬成熟。平均单果重 120 克,最大单果重 160 克。可溶性固形物含量为 11％。硬溶质。粘核。风味甜。树势强健,树姿直立。有花粉。各类果枝均能结果。果实发育期为 63 天。秋后应增施有机肥,并加强前期管理。要适当疏果,否则果形偏小。

(2)瑞蟠 8 号　在北京地区,果实于 7 月初成熟。平均单果重 130 克,最大单果重 180 克。可溶性固形物含量为 11.5％。硬溶质。粘核。风味甜。树势较健。有花粉。各类果枝均能结果,丰产性好。果实发育期为 70 天。

(3)瑞蟠 13 号　在北京地区,果实于 7 月上旬成熟。平均单果重 133 克,最大单果重 183 克。可溶性固形物含量为 11％。硬溶质。粘核。果皮底色黄白,果面全红。风味甜。树势中庸,树姿半开张。各类果枝均能结果。有花粉,花粉量大,丰产。果实发育期为 78 天。

(4)美国红蟠　在北京地区,果实于 7 月上旬成熟。平均单果重 250 克,最大单果重 400 克。可溶性固形物含量为 13％。粘核。有花粉。

(5)瑞蟠 1 号　在北京地区,果实于 7 月上中旬成熟。平均单果重 178 克,最大单果重 260 克。可溶性固形物含量为 13%。硬溶质。半离核。风味甜。树势较健,树姿半开张,各类果枝均能结果。花粉量大。丰产。果实发育期为 80 天。

(6)瑞蟠 14 号　在北京地区,果实于 7 月中旬成熟。平均单果重 137 克,最大单果重 172 克。可溶性固形物含量为 11%。硬溶质。粘核。果皮底色黄白,果面紫红色且全红。果肉黄白,风味甜。树势中庸,树姿半开张,各类果枝均能结果。花粉量大。丰产。果实发育期为 87 天。

(7)黄肉蟠桃　在北京地区,果实于 7 月中旬成熟。平均单果重 130 克,最大单果重 250 克。可溶性固形物含量为 11%~13%。粘核。有花粉。

2. 中熟品种

(1)瑞蟠 16 号　在北京地区,果实于 7 月下旬成熟。平均单果重 140 克,最大单果重 200 克。可溶性固形物含量为 12%。粘核。有花粉。

(2)瑞蟠 17 号　在北京地区,果实于 7 月下旬成熟。平均单果重 150 克,最大单果重 200 克。可溶性固形物含量为 12%。半粘核。有花粉。

(3)瑞蟠 3 号　在北京地区,果实于 7 月底到 8 月初成熟。平均单果重 200 克,最大单果重 276 克。可溶性固形物含量为 12%。粘核。有花粉,花粉量大。果实红色,美观,风味浓。有轻微裂顶现象。

(4)瑞蟠 5 号　在北京地区,果实于 7 月底到 8 月初成熟。平均单果重 160 克,最大单果重 220 克。可溶性固形物含量为 11.5%。硬溶质。粘核,核小。果肉韧而致密,汁液多,纤维少,风味甜且带有香气。耐贮运。各类果枝均能结果。有花粉,丰产。果实发育期为 110 天。

(5)瑞蟠 3 号　在北京地区,果实于 7 月下旬到 8 月上旬成熟。平均单果重 200 克,最大单果重 276 克。可溶性固形物含量为 12%。硬溶质。粘核。果实红色,美观,风味甜。有轻微裂顶现象。各类果枝均能结果,花粉量大,丰产性强。果实发育期为 105 天。

(6)瑞蟠 18 号　在北京地区,果实于 8 月上旬成熟。平均单果重 200 克,最大单果重 250 克。可溶性固形物含量为 12%～13%。粘核。无花粉。

3. 晚熟品种

(1)瑞蟠 4 号　在北京地区,果实于 8 月底成熟。平均单果重 221 克,最大单果重 350 克。可溶性固形物含量为 15%。硬溶质。粘核。果实红色,美观。风味甜,带有香气。树势较健,树姿半开张。各类果枝均能结果。有花粉,丰产。果实发育期为 134 天。此品种应加强肥水管理和夏季修剪。徒长枝结果良好,可适当保留。

(2)碧霞蟠桃　在北京地区,果实于 9 月下旬成熟。平均单果重 99.5 克,最大单果重 170 克。可溶性固形物含量为 15%。粘核。此品种果实绿白色,近核处红,肉质致密有韧性,汁液中等;味甜,有香气。此品种成熟期恰值中秋和国庆节,为目前成熟最晚的蟠桃。同时,抗旱性强,丰产性好。

(三)油桃优良品种

油桃因果面光滑无毛,颜色鲜艳,果个中小,食用方便,很受消费者青睐。风味甜脆的油桃品种,很具有发展前景。

1. 早熟品种

(1)早红珠　在北京地区,果实于 6 月中旬成熟。平均单果重 93 克,最大单果重 149 克。可溶性固形物含量为 11%。

硬溶质。粘核。果实鲜红,色泽诱人,香味浓郁。耐贮运。树势强健,树姿直立,以中、短果枝结果质优良。有花粉,丰产性强。果实发育期为 65 天。

(2)**瑞光 22 号**　在北京地区,果实于 6 月底到 7 月初成熟。平均单果重 180 克,最大单果重 250 克。可溶性固形物含量为 11%。硬溶质。半离核。果实肉质细,有香气,风味甜。不裂果。各类果枝均能结果,有花粉,丰产性强。果实发育期为 73 天。生长期需加强肥水管理,增强树势,促进果实增大和品质提高。

(3)**瑞光 5 号**　在北京地区,果实于 7 月上中旬成熟。平均单果重 145 克,最大单果重 158 克。可溶性固形物含量为 7.4%～10.5%。硬溶质。粘核。树势强健。树姿半开张,各类果枝均能结果。有花粉,花粉量大。果实发育期为 85 天。此品种果实大且圆整,味甜;完熟后质软多汁,风味较浓。果实要适时采收。由于树势较强,修剪时应控制徒长。

(4)**NJN76**　在北京地区,果实于 7 月中旬成熟。为加工与鲜食兼用品种。平均单果重 150 克,最大单果重 303 克。可溶性固形物含量为 10%。硬溶质。粘核。果实肉质致密,风味甜。各类果枝均能结果,以中、短果枝结果为主。果实发育期为 75 天。

2. 中熟品种

(1)**瑞光 19 号**　在北京地区,果实于 7 月下旬成熟。平均单果重 150 克,最大单果重 220 克。可溶性固形物含量为 11%。硬溶质。半离核。果实风味甜。不裂果。有花粉,丰产。果实发育期为 100 天。对此品种,采收后应加强夏剪,控制旺长,以改善树冠内通风透光条件,促进花芽分化。

(2)**瑞光 28 号**　在北京地区,果实于 7 月下旬成熟。平均单果重 260 克,最大单果重 650 克。含可溶性固形物 14%。硬溶质。粘核。果面全红鲜艳。果实多汁,风味甜。各类果枝均能结果,有花粉,丰产性强。果实发育期为 100 天。

(3)瑞光 18 号 在北京地区,果实于 7 月下旬到 8 月中旬成熟。平均单果重 210 克,最大单果重 260 克。可溶性固形物含量为 12%。硬溶质。粘核。果皮色红。风味甜。不裂果,耐贮运。有花粉,丰产。果实发育期为 104 天,采摘期长。应加强夏剪,控制旺长,合理疏花疏果,以提高果实品质。

(4)瑞光 27 号 在北京地区,果实于 8 月上中旬成熟。平均单果重 180 克,最大单果重 250 克。可溶性固形物含量为 11%。硬溶质。粘核。果实风味甜脆。耐贮运。有花粉,丰产。果实发育期为 120 天。

(四)黄桃(兼用)优良品种

1. 中熟品种

(1)佛雷德里克 在北京地区,果实于 8 月初成熟。平均单果重 150 克,最大单果重 200 克。可溶性固形物含量为 10.5%。肉质为不溶质。粘核。风味甜多酸少。各类果枝均能结果。有花粉,丰产。果实发育期为 107 天。此品种坐果率高,应注意疏果,否则小果率增加。修剪时应留预备枝。

(2)金童 5 号 在北京地区,果实于 8 月上中旬成熟。平均单果重 200 克,最大单果重 265 克。可溶性固形物含量为 10.5%。肉质为不溶质,韧性强;风味酸多甜少。有花粉。粘核。树势中等,树姿稍开张,以中长果枝结果为主。果实发育期 110 天。此品种生理落果少,栽培中应适当疏果和增施肥料,以提高果实质量和防止树体早衰。

(3)金童 8 号 在北京地区,果实于 8 月中旬成熟。平均单果重 173 克。可溶性固形物含量为 11%。肉质为不溶质,味甜酸。有花粉。粘核。树势强健,树姿较直立。果实发育期为 110 天。此品种为优良的晚熟加工品种,加工适应性好。幼龄期需注意拉枝,开张主枝角度,及时疏果,否则果实变小。

(4)金童 6 号 在北京地区,果实于 8 月中旬成熟。平均单果重 160 克,最大单果重 233 克。可溶性固形物含量为 10.5%。肉质为不溶质,细韧,风味甜酸适中。有花粉。粘核。树势较强,树姿半开张。以中长果枝结果为主。果实发育期为 120 天。此品种为优良的晚熟加工品种,加工适应性好。同时,生理落果少,坐果率高,要适当疏果和增施肥料。

(5)163 号 在北京地区,果实于 8 月中旬成熟。平均单果重 150 克,最大单果重 400 克。可溶性固形物含量为 11%。有花粉。粘核。果实发育期为 100 天。

(6)NGC3 在北京地区,果实于 8 月中旬成熟。平均单果重 150 克,最大单果重 250 克。可溶性固形物含量为 11%。有花粉。粘核。果实发育期为 115 天。

(7)森克林 在北京地区,果实于 8 月中旬成熟。平均单果重 150 克,最大单果重 200 克。可溶性固形物含量为 11%。有花粉。粘核。果实发育期为 116 天。

2. 晚熟品种

金童 7 号 在北京地区,果实于 8 月中下旬成熟。平均单果重 150 克,最大单果重 222 克。可溶性固形物含量为 10.5%。果肉为不溶质,肉质细韧,纤维少;风味酸多甜少。有花粉。粘核。无裂果。树势强健,树姿半开张,以中长果枝结果为主。果实发育期为 130 天。此品种生理落果少,在幼树期需注意对它开张角度,缓和树势,以利于提早结果;盛果期要增施肥料,适当疏果,以提高果实质量。

三、桃优良砧木

在我国,桃嫁接育苗普遍应用的砧木,是山桃和毛桃。

(一)山 桃

山桃的耐寒力和耐旱力均强,主根发达。嫁接亲和力较强,成活率高,生长健壮。但不耐湿,在地下水位高的黏重土壤上生长不良,易发生根瘤病、颈腐病和黄叶病。在北方桃产区应用广泛。在南方地区不适宜。

(二)毛 桃

毛桃耐湿力强,适于我国南方温暖多湿的气候。根系发达,须根多,嫁接亲和力强,成活率高,结果早。在黏重和通透性差的土壤上易患流胶病。近年来,由于耕作条件的改善,北方一些地区也有应用毛桃作砧木的。

20世纪70年代后,桃树矮化和密植栽培逐渐兴起,一些矮化和半矮化砧开始应用,如毛樱桃、郁李和榆叶梅等。近年又从国外引入西伯利亚C、蓓蕾、GF677、GF655、GF43、毛模桃、筑波2号、筑波4号、筑波5号和筑波6号等砧木品种。这些砧木尚在观察研究中。

最近的研究表明,筑波5号的抗涝性强,抗线虫性好;毛模桃与桃亲和力较强,结果早,矮化作用明显,但不耐湿,需营养繁殖;GF677耐盐性较强,抗污染,抗缺铁、失绿,耐旱性强,抗再植,对解决南方地区的桃树缺铁失绿症和老桃园更新,都具有重要意义,但需营养繁殖。

第三章 桃标准化良种
苗木繁育技术

一、苗圃选址与整地

（一）选 址

苗圃要求地面平整。圃地土壤要求为排水良好的砂质壤土。不要选择重茬地和连续繁育桃苗的地块，否则会有根癌病、线虫及其他病虫害的发生。

（二）施肥整地

苗圃地选好后，按每公顷100～150吨的标准，施入圈肥作底肥。然后进行整地做畦，畦宽1.2米，长10米左右；也有行条播的。一般行距为40～50厘米。整地时要深翻细整，深耕以20～30厘米为宜。深耕应及早进行，秋耕比春耕好，最好在12月底结束。耕后要及时耙压，做到地平土碎，肥土混匀。深翻后，在适耕期内倒耙一次，做到地平土碎，混拌肥料，并清除砖石和草根。

（三）土壤消毒

进行苗圃土壤消毒，可消灭病菌，确保苗木安全。效果较好的常用方法有以下六种：

1. 五氯硝基苯消毒

每平方米苗圃地用75％五氯硝基苯4克，代森锌5克，与 12 千克细土拌匀,制成毒土。播种时,先垫毒土,后播种子,再覆一层毒土。此方法对防治炭疽病、立枯病、猝倒病和菌核病等有特效。

2. 福尔马林消毒

对每平方米苗圃地,用福尔马林 50 毫升加水 10 升,均匀地喷洒在地表,然后用草袋或塑料薄膜加以覆盖,封闷 10 天左右。然后揭掉覆盖物,使药液挥发。过两天后可进行播种或扦插。这样做对防治立枯病、褐斑病、角斑病和炭疽病效果良好。

3. 波尔多液消毒

每平方米苗圃地用等量式(硫酸铜∶石灰∶水的体积比为 1∶1∶100)波尔多液 2.5 千克,加赛力散 10 克,喷洒土壤,待土壤稍干即可播种扦插。这对防治黑斑病、斑点病、灰霉病、锈病、褐斑病和炭疽病效果明显。

4. 多菌灵消毒

多菌灵能防治多种真菌病害,对子囊菌和半知菌引起的病害防治效果好。进行土壤消毒时,用 50% 可湿性粉剂,每平方米拌入 1.5 克,可防治根腐病、茎腐病和叶枯病等。

5. 硫酸亚铁消毒

用 3% 溶液处理土壤,每平方米喷用药液 0.5 升,可防治桃缩叶病,兼治缺铁病害。

6. 代森铵消毒

代森铵杀菌力强,能渗入植物体内。在植物体内分解后,还具有有一定的肥效。每平方米苗圃土壤浇灌 3 升 50% 水溶代森铵 350 倍液,进行土壤消毒,可防治黑斑病、霜霉病和白粉病等多种病害。

二、壮苗标准化繁育技术

(一)砧木苗的繁育

桃的砧木苗,主要通过播种实生繁育获得,少数地区采用根接,也有的采用插条等进行繁育。部分砧木,如毛樱桃、GF677 等只能通过营养繁殖,才能保持砧木的品种特性。

具体的砧木苗培育方法如下:

1. 实生苗的繁育

(1)种子采集与处理

①采种植株的选择 要从生长强健,无病虫害的砧木植株上采集种子。

②取核 取种的果实要充分成熟。果实采下后,可以采取加工取核、食用取核和腐烂取核的方式取核。核取出后,应洗净果肉,放于通风阴凉处晾干。干后收藏在冷凉的地方,以防发霉。加工或腐烂取核时,要避免 45℃ 以上的高温,以免种子失去发芽力。

③沙藏处理 若采用秋播,可在冻土前进行播种。若在第二年春播,则必须进行种子沙藏处理。

沙藏的时期,依砧木种子所需低温的天数而定。山桃和毛桃大约为 90 天。华北地区一般是 10 月下旬地冻前进行。

沙藏前,先将种子浸水 7 天左右。沙藏的适宜温度为 5℃～10℃,湿度为 40%～50%。沙藏的地点应选在背阴、干燥、通风和不积水的地方。

沙藏沟宽 1～1.5 米,沟深 60～90 厘米,沟长依种子多少而定。种子与沙的比例大约为 1：5～7。实施时,在沟底先放一层沙子,然后一层种子一层湿沙地将种子分层放入沟中,直至种子放完。最后,在种子上放一层约 60 厘米厚的湿沙(图 3-1)。

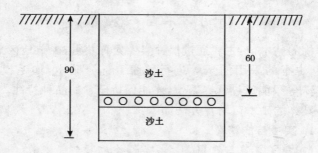

图 3-1 沙藏处理 (单位:厘米)

沙藏沟较长时,则应隔一定距离埋放一个草把,并使草把头露出地面。草把与种子同时埋入,以利于通气。最上一层沙的厚度,北方要达到冻土层的厚度,南方可浅些。

早春土壤解冻后,应立即检查种子。若临近播种期种子尚未萌动,则应将种子挖出来,置于温暖处催芽,待种子萌动后立即播种。

(2) 播种 若有地下害虫,播种前则应施放毒饵,予以诱杀。

一般采用宽行带状播种,即每畦种四行,每两行为一带,带间相距 50 厘米,带内行距 20 厘米。进行条状开沟点播,株距5~10 厘米,播后覆土深约 5 厘米。每 667 平方米用种子量为 12.5~15 千克。

(3) 幼苗管理 播种后 7 天左右,幼苗即可出土。在北方地区,此时应注意墒情变化,及时灌水。灌水后,要松土保墒。在南方地区,早春雨水多时,应及时排水。

在苗木生长过程中,应根据其生长情况追肥,大约 667 平方米追施硫酸铵 7~14 千克。施后灌水,松土,保证苗木正常生长。

砧苗粗度达到 0.6~0.8 厘米时即可嫁接。嫁接前,还要及时剪除基部的根蘖,去除行间的杂草。

2. 营养繁殖

营养繁殖包括组织培养和扦插育苗两种方式。

砧木苗组织培养技术已在部分国家开始使用。法国在 20 世纪 80 年代,已将 GF667 的组培苗大量应用在生产上。

目前,我国主要采用扦插育苗的方法。扦插时,插床基质要用细河沙和草炭土等排水性能良好的疏松物质。扦插育苗又包括:硬枝扦插和嫩枝扦插。硬枝扦插,生根的关键因素是插床基质的温度要高于气温。嫩枝扦插,关键在于对空气湿度和土壤湿度的控制。一般采用间歇喷雾设备,白天每隔 90 秒钟喷雾 6 秒钟,晚上关闭。这样做,可以降低气温和减少插条水分散失,有利于生根。

(二) 接穗的采集与保存

根据预先确定的品种,在品种采穗圃内选择生长健壮、结果良好与品质优良的单株,剪取树冠外围生长充实、无病虫危害的长果枝,或徒长性长果枝,用以作接穗。

用于芽接的接穗剪下后,摘除叶片,保留叶柄,按品种分捆,挂好标签,注明品种和剪穗时间,置于冷凉湿润的地方待接,以防升温变质。

若是在与苗圃地邻近的采穗圃采集接穗,则可随采随接。但也要用湿布把接穗包好,以免失水干燥,影响嫁接成活率。若为异地采穗,需要贮运,则应用潮湿的地衣或锯末予以填充,并包装于保湿的容器或塑料布中。

如果在落叶后的冬季采穗,因枝条处于休眠状态,则只要按上述要求选好树后,剪下接穗,把接穗置于低温潮湿处;或用湿沙埋藏在低温处即可。

(三)嫁接苗的繁育

1. 嫁接时期

从早春的树液流动至休眠,均为适宜嫁接时期。以春季和夏季嫁接最为广泛。长江流域主要砧木是毛桃。春、夏、秋三季均可进行嫁接,但最常用的是夏季芽接。

2. 嫁接方法

桃树的嫁接方法,有芽接、枝接和根接等,应用最普遍的是芽接与枝接。

(1)芽接 是指在砧木上嫁接一个芽,待其成活后剪砧发芽,生长成苗的方法。其优点是操作简便,嫁接时期长,愈合容易,节省接穗,工效高,成苗快,当年或一年生砧木即可嫁接。常用的芽接方法又有"T"字形芽接和带木质部芽接两种。

①"T"字形芽接 "T"字形芽接(图 3-2),在夏、秋季皮层可以剥离时进行。

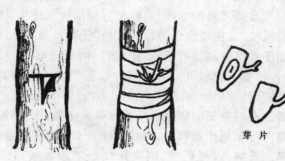

芽 片

图 3-2 "T"字形芽接

先在接穗芽的上方0.3厘米左右处横切一刀,深达木质部;再在芽下方1厘米处向上削,刀深到木质部,削到芽上方的横切处,剥下盾形芽片。取芽片时,不要撕去芽内侧的维管束,否则会妨碍成活。芽片大小要与砧木粗度相宜,一般宽0.6厘米左右,长1.0厘米左右。

削好芽片后,在砧木距地面3~5厘米部位,选择平滑、向西北面处,准备下刀。选择此处下刀,可以避免日光直射,同时使接芽处于向风面,可避免发枝后被风吹断。然后,在所选之处,横切一刀,宽0.5~0.8厘米,深达韧皮部。再在横切口中间向下切一刀,长约1.0厘米。两次切口成"T"字形。接着,拨开砧木皮层,插入芽片,使芽片上端与"T"字一横吻合。

最后,用塑料条或麻皮,在接口处自下而上地缠缚,把叶柄留在外面,完成后打一活结即可。也有把芽片全部缠缚的,这可防止雨水流入接口,有利于提高嫁接成活率。

②带木质部芽接 即在接穗上削取较大盾形芽片,芽片上带有一薄层木质部。削砧木部位与"T"字形芽接法相同,削口为带木质部的切口,大小与芽片相当。然后把芽片插入其中,用塑料条缠缚,缠法与"T"字形芽接类同(图3-3)。

芽片

图3-3 带木质部芽接

芽接后 7～10 天,检查嫁接成活情况。一般叶柄脱落,芽色新鲜,即为成活,可以解绑。为保护芽越冬,也可不解绑。但若砧木仍然加粗生长,则应及时松绑,以免勒伤接芽,妨碍成活。

(2)**枝接** 是指用带有一个或几个芽的枝条为接穗的嫁接方法。于落叶后至第二年萌芽前,砧木和接穗皮层难于剥离时进行。生产上常用于低接育苗或高接换头。其中,低接多用切接或插皮接。

①切 接 用一段有 2～3 个饱满芽的枝条为接穗,将接穗下部与顶端芽的反侧,先削成一个长 2～3 厘米的斜面,再在削面对侧削一短斜面。将砧木在地上根颈 5 厘米高处截断(低接),削平截口。再在砧木木质部的外缘向下直切,深度与接穗切面相当,亦长 2～3 厘米。把接穗插入砧木的切口内,使长削面向内,并使接穗与砧木两者的形成层对准,密切接合。最后,用塑料条将嫁接处绑扎严紧,再埋上湿土,以防干燥(图 3-4)。

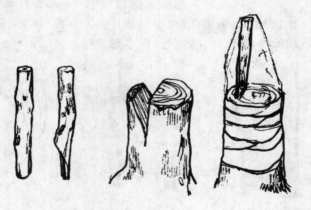

图 3-4 切 接

嫁接成活后,对嫁接苗逐步撤土,使其长成壮苗。

②**插皮接** 适于直径 3 厘米以上的砧木。一般在萌芽至展叶期进行。由于嫁接较晚,接穗应在低温下保存,不使其发芽。

嫁接时,在砧木的平滑部位截断,削平断面。将接穗截成有 2～4 芽的枝段,在接穗下端削一长 3～5 厘米的斜面。再在削面对侧,削一马蹄形短斜面。在砧木截面自上向下地把皮层划一切口,然后拨开皮层,插入接穗,使长削面紧贴木质部,再绑扎好接口。在粗的砧木上,可以于不同的方位,接上 2～4 个接穗。低接时,要埋土保湿。高接时,要套上塑料袋,内装湿锯末保湿,并在塑料袋外再裹一层报纸,以防止日晒时袋内温度过高(图 3-5)。待发芽后,逐步撤土去袋。

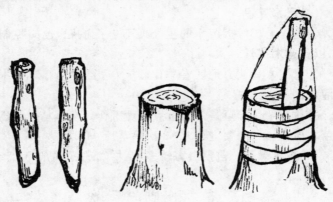

图 3-5 插皮接

3. 嫁接苗的管理

芽接苗当年不萌发。北方地区于 10 月下旬进行培土防寒和灌防冻水,可使第二年早春萌芽生长良好。芽接苗的管理方法如下:

(1)剪 砧 早春树液流动前,在成活芽上方 1 厘米处剪去砧木。如在砧木萌芽后剪砧,因砧芽先萌,由于其具有顶端优势,就会吸去一部分养分,会延迟接芽萌发。

也有两次剪砧的,即第一次剪时留10～15厘米高,用其作绑缚固定萌发接芽嫩梢的支柱。待7月份苗木木质化后,再按第一次剪砧法剪截。

若采用当年成苗快繁法,则在接芽成活后即行剪砧,以刺激芽萌发生长,使其当年成苗出圃。

(2)除　萌　砧木的芽比接芽萌发生长快。及时除萌,可避免其与接芽竞争养分。在接芽苗长到15～20厘米高时,应立竿将其绑缚固定,以免新梢折断。绑缚要用松活套,以免影响其加粗生长。除萌要进行2～3次。除萌务必彻底。

(3)肥水管理

①施　肥　嫁接苗木的生长期不进行追肥,也应控制灌水,以免苗木徒长。

②灌　水　北方地区春季比较干旱,要在早春对苗木适当灌水。

③除　草　除草是苗圃重点管理工作。杂草丛生必然影响苗木质量。一般要进行2～3次除草。

(4)虫害管理　苗期虫害较多,及早发现,及早防治。

三、苗木出圃与运输

(一)苗木的规格及分级

苗木出圃前,应根据农业部发布的无公害桃生产技术规程中对桃树苗木的质量要求（表3-1）,将苗木进行分级,分别打捆、挂牌和贮放。

表 3-1　桃树苗木质量基本要求

项　目			要　求		
			二年生	一年生	芽　苗
品种与砧木			纯度≥95%		
根	侧根数量 （条）	毛桃、新疆桃	≥4	≥4	≥4
		山桃、甘肃桃	≥3	≥3	≥3
	侧根粗度（厘米）		≥0.3		
	侧根长度（厘米）		≥15		
	病虫害		无根癌病、根结线虫病		
苗木高度（厘米）			≥80	70≥	—
苗木粗度（厘米）			≥0.8	≥0.5	—
茎倾斜度（度）			≤15		
枝干病虫害			无介壳虫		
整形带内饱满芽数（个）			≥6	≥5	接芽饱满 不萌发

（二）苗木出圃

1. 起苗时期

以落叶后为宜。进行秋栽的，秋季起苗；进行春栽的，可以春季起苗。如若秋季起苗，而当年又不定植的，则需对苗木进行假植。

2. 假　植

进行苗木假植，要选择高燥、背风、不积雨雪和运输方便的地方。假植沟深约 100 厘米，宽 100～150 厘米，长度依苗木数量和地段而定。

进行假植时，要将苗木成 45°角摆放，头向南，根朝北，斜植在沟内，每排都铺一层细沙。埋土厚度约 30 厘米。然后适量灌水。封冻前，要再加一层土,约埋到苗木高度的 2/3 处。

在寒冷的北方地区,沟上还应覆盖草帘防冻。桃树苗木品种多时,要注意对其进行分隔和挂牌,以防错乱。

3. 起　苗

起苗时,应避免碰伤枝干,要保护好芽,尽量少伤根系。苗挖出后,要剪去伤根和根上的伤口,整修主干上的二次枝。

（三）苗木的包装和运输

1. 检　疫

调运外地的桃树苗木,必须到当地林业局植保部门进行检疫,并开具检疫证明,以防检疫性病虫害外传。

2. 运　输

短途运输,要在苗木根部蘸黄泥浆,以保持湿润。长途运输,必须妥善包装苗木,防止风吹日晒,减少途中机械损伤,并防止根系干枯死亡。

3. 包　装

桃树苗木一包以 50～100 株为宜。捆缚时,应剪去过长的枝干,但不得小于整形高度。每捆都要挂牌,注明品种、数量及产地等项内容。采用草袋、麻袋和蒲包等进行包装。苗木根部宜用湿润的锯末、水草、地衣或保水剂等填充。也可以边起苗边装入纸箱中,在 72 小时内定植,成活率可以达到95％以上。远程运输时,中途应对苗木加水保湿。

（四）苗木的选择

苗木最好自己生产。如购买苗木,则一定要细心选择,确认是否为优良苗木。优良苗木一定要具备如下条件:品种明确,砧木明确,根系发达,无病虫害。

第四章 桃标准化建园技术

一、桃园地址的选择

依照无公害桃栽培的环境条件要求,选择空气、土壤和灌溉水质量均达到国家规定的无公害环境标准的地域,建立桃园。最好建在远离城镇、交通主要干道(主要公路、铁路、机场、大型车站、码头等),以及远离工矿企业和对土壤有污染源的地区。其标准条件如下:

(一)大气质量标准

无公害桃园的大气环境不能受到污染。大气的污染物,主要有二氧化硫、氟化物、臭氧、氮氧化物、氯气、碳氢化合物以及粉尘、烟尘和烟雾等。这些污染物直接伤害果树,妨碍果树的光合作用,破坏叶绿素,致使花朵、叶片和果实中毒。人们食用在这样条件下生产出的果品后,会引起急性或慢性中毒。因此,桃园的所在地大气质量,要求达到国家制定的大气环境质量标准 GB 3095—1996 (表 4-1)。

表 4-1　大气环境质量标准

污染物	浓度限值(毫克/立方米)			
	取值时间	一级标准	二级标准	三级标准
总悬浮颗粒物	日平均①	0.15	0.3	0.5
	任何一次②	0.30	1	1.50

続表 4-1

污染物	浓度限值(毫克/立方米)			
	取值时间	一级标准	二级标准	三级标准
飘　尘	日平均	0.05	0.15	0.25
	任何一次	0.15	0.50	0.70
二氧化硫	年日平均③	0.02	0.06	0.1
	日平均	0.05	0.15	0.25
氮氧化物	任何一次	0.15	0.50	0.70
	日平均	0.05	0.10	0.15
一氧化碳	任何一次	0.10	0.15	0.30
	日平均	4	4	6
光化学氧化剂(O_3)	任何一次	10	10	20
	1小时平均	0.12	0.16	0.2

注：①日平均为任何一日的平均浓度不许超过的极限

②任何一次为任何一次采样测定不许超过的极限。不同污染物任何一
次的采样时间，见有关规定

③年日平均为任何一年的日平均年浓度平均值不可超过的限值

大气环境质量分为以下三级：

一级标准：为保护自然生态和人群健康，在长期接触情况下，不发生任何危害影响的大气质量要求。生产安全优质果品的大气环境质量应达到一级标准。

二级标准：为保护人群健康和城市、乡村的动物、植物，在长期和短期接触情况下，不发生伤害的大气环境质量要求。生产无公害果品的大气环境质量应达到二级标准。

三级标准：为保护人群不发生急性、慢性中毒，和城市动物、植物（敏感者除外）能正常生长、生活的大气质量要求。

（二）土壤质量标准

1. 土壤环境质量标准

土壤的污染源,主要有以下四个方面:① 水污染。这是由工矿企业和城市排出的废水、污水污染所致;② 大气污染。工矿企业及机动车、船排出的有毒气体被土壤所吸附;③ 固体废弃物。由矿渣及其他废弃物施入土中所造成的污染;④ 农药、化肥污染等。果园土壤监测的必测项目是:汞、镉、铅、砷、铬等重金属和六六六、滴滴涕两种农药,以及土壤的 pH 值。

土壤污染程度的划分共分五级。一级(污染指数≤0.7),为安全级,土壤无污染。二级(污染指数为 0.7～1.0),为警戒级,土壤尚清洁。三级(污染指数为 1～2),为轻污染,土壤污染超过背景值,果树开始被污染。四级(污染指数为 2～3),为中污染,果树被中度污染。五级(污染指数>3),为重污染,果树受严重污染。

只有达到一、二级标准的土壤,才能作为生产无公害果品的基地。因此,建园应选择在远离城市、工厂与医院等污染源的地区。

土壤重金属污染残留限量标准见表 4-2。因土壤质地不同,故重金属的残留限量也有所不同。

表 4-2 桃园土壤环境质量指标
（单位:毫克/千克）

项　　目	指标(≤)		
	pH 值< 6.5	pH 值 6.5～7.5	pH 值> 7.5
总　　汞	0.30	0.5	1.0
总　　砷	40	30	25

项　　目	指标(≤)		
	pH 值＜ 6.5	pH 值 6.5～7.5	pH 值＞ 7:5
总　　铅	250	300	350
总　　镉	0.30	0.30	0.6
总　　铬	150	200	250
六六六	0.1	0.1	0.1
滴滴涕	0.1	0.1	0.1

2. 土壤性质标准

我国桃标准中尚缺乏对土壤性质的详细要求,包括有机质含量、土壤含水量、营养元素含量和土壤微生物群落等。桃园土壤酸碱度应为 pH 5.2～6.2,以砂质壤土或排水良好的砾质土为宜。土质黏重、排水不良和低洼地的严重盐碱土壤,易使桃树徒长,出现流胶,以至早衰及早亡。因此,在桃标准化生产中,必须充分重视土壤环境的质量。

实践证明,土壤中的有机质含量适中,通透性、保肥、保水能力强,有利于优质桃果的生产。在桃园采取优新的土壤管理方法,可以实现桃园的土壤改良。一般高产、稳定、优质桃果桃园,其土壤 1～50 厘米土层有机质含量应为 2％～3％。我国的桃园土壤有机质含量,距此标准大多相差甚远。所以,土壤管理与改良的任务非常艰巨。

(三)灌溉用水标准

1. 水质标准

桃园灌溉用水要求清洁无污染。具体标准参照国家制定的农田灌溉用水标准 GB/T 18407.2—2001 执行(表 4-3)。

表 4-3　无公害桃园灌溉用水质量要求　(单位:毫克/升)

项　　目	指　　标
pH 值	5.5～8.5
总　汞	≤0.001
总　砷	≤0.1
总　铅	≤0.1
总　镉	≤0.005
总　铜	≤1.0
铬(6 价)	≤0.1
氧化物	≤3
氧化物	≤250
氧化物	≤0.5
石油类	≤10

2. 水量标准

桃树耐干旱,怕水涝,是落叶果树中需水量最低的树种。即使常年不进行灌水,也能结果,但树型较小,寿命较短,果实产量和果实质量较低。

排水不良和地下水位高的桃园,常引起桃树根系早衰、叶片变薄,进而引起落叶、落果和流胶,以致整株桃树死亡。尤其是在夏、秋季节,桃园积水 2～3 天,即会导致整个桃园的毁灭。2000 年秋季,河南省的降水量较大,新乡、焦作、周口与南阳等桃栽培区的桃树,被大面积涝害致死。因此,虽然我国桃生产标准中尚缺乏灌溉用水量及灌溉时期的详细要求,但作为经济作物栽培的桃树,其园地必须具备旱能浇、涝能排的优良排、灌水条件。

(四)光照标准

桃树原产于我国海拔高、日照时间长且光照充足的地区，形成了特别喜光的生理特性。一般年日照时数在1 200～1 800小时，才能满足桃树生长发育的需求。因此，在优质桃生产上，必须掌握合理密植的原则，不宜过度密植。一般树形采取自然开心形，控制遮光大枝的形成，控制树冠的密度，适时进行夏季修剪，为桃树创造良好的通风透光条件。

(五)温度标准

桃树对温度的适宜范围很广，一般在年平均温度为13℃～15℃的地区均可栽培。桃树不同的生长发育时期要求的温度不同。生长期的适宜温度为18℃～25℃。温度高达31℃～32℃时，或温度低于10℃时，生长缓慢。开花期最适宜的温度为20℃左右，花期的温度越低，开花持续的时间越长，果实的成熟期就会越不整齐。果实成熟时的最适宜温度为25℃～30℃，这个阶段的昼夜温差大、湿度低，桃果实则风味浓，品质佳。在桃树的休眠期，适宜温度为0℃～7.2℃。

桃树的不同器官对低温的适应能力不一样。桃树完成自然休眠以后，花芽的受冻害温度为－15℃；花蕾的受冻害温度为－6.6℃～1.7℃。实际生产中观察发现，萌动后的花蕾在－1.1℃时受冻害严重。在北京平谷地区近年来发现的花芽僵死现象，就来自低温的冻害。通过观察还发现，桃树各器官冻害的发生，不仅取决于极限温度，有时虽然没有达到极限温度，但低温持续时间较长，也会发生不同程度的冻害。如花期0℃的低温，就会使桃的花朵受冻坏。冬季绝对低温达到－18℃时，持续的时间较长，也会使桃树发生冻害。

桃树属耐寒果树,但在冬季温度在-23℃以下时,容易发生冻害,温度低于-27℃时,可发生整株冻死。土温低于-10℃时,桃树的根系就会受到冻害。土温在4℃～12℃时,根系开始活动,最适宜桃树生长发育的土温为18℃。

(六)地势要求

我国桃标准中尚缺乏对桃园地势的详细要求。但是,桃园选址应尽可能选择缓坡地或是低海拔的平地上。一般来说,平地土壤肥沃,但日照低、通风性差,病虫害发生率高,排水性不好,易受湿害。斜坡地排水、通风透光好,病虫害较少,不易遭霜害,但是较平地土壤贫瘠,运输、喷药、施肥和机械化作业不方便。盆地种植桃树易在开花期前后遭受霜害。山地或丘陵地,以向阳坡面,坡度角在15°以下者栽培为宜,一般在海拔400米以下。低洼谷地或狭谷地带,常因阳光不足和冷空气下沉,而使桃树生长不良或遭晚霜和寒害的袭击。

此外,斜坡地种植桃树还要注意斜坡面的朝向。斜坡面朝西或西南时,桃树枝条易受日照影响引起枯枝病;斜坡面朝南或东南时,日照充足,可促进水果成熟,提高品质,但夏季易受日光直射,易干旱,甚至发生烧叶现象。斜坡面朝北时,不易干旱,但日照不足。

(七)降水量要求

我国桃标准中尚缺乏对桃园所需降水量的详细要求。降水量和降雨次数,会因地区和地形不同而有所差别。要选择降水量少的地区建园。降水过多的地区病害更易发生,也会造成桃树徒长。采摘期降水过多,还会造成落果,并影响桃果甜度。降水量不足的地区栽培桃树,要采取适当的灌溉措施。

(八)风力要求

风力太大的地区易造成桃树落花落果,也易发生病害。因此,要选择风力小的地区建立桃园。也可以通过设置防风林和防风网,来减轻和避免风害,实现稳产。

二、桃园的规划

(一)小区的划分

1. 小区面积

平原地桃园,可以实现较高程度的机械化,每个小区以 3.4～6.7公顷(50～100亩)为宜。机械化程度较低或地形地貌不整齐的地区,应适当小一些。

2. 小区设计

小区形状设计多为长方形。山地小区的形状,以长边方向横贯坡面为宜,这有利于机械化操作和水土保持。山地可依地形修筑梯田,坡度小的可采用等高撩壕。

3. 小区的划分

依据地形而定,一般以坡、沟为单位划分小区。坡面大的,也可分成几个小区。

(二)道路和建筑物的安排

1. 道 路

为便利肥料、农药与产品的运输和机械车辆通行,必须修筑道路。道路分公路、简易公路、小区路和包边路。路的两侧应设排水沟。

(1)公　路　宽7～10米,紧靠管理房、仓库、畜牧场和水平梯地而过,与省(县)公路线相接。

(2)简易公路　宽4米以上,通到每个山头和小区,两端与公路相接,车辆可在基地内环状行驶。

(3)小区路　宽2.5米,与公路或简易公路相接。根据地面坡度的大小,在小区路建筑直路或弯路。一般坡度在15°以下时建直路。建直路时,将路两边用绳子拉直,依着绳子做,使道路宽窄均匀,直而整齐。坡度超过15°时一般建成"S"形弯路,使每个弯的坡度、宽度基本保持一致,以求实用、整齐、美观。

(4)包边路　包边路与小区路相接,宽3米,环绕基地四周边沿,既是人行道,又能起到防火通道的作用。

2. 建　筑　物

桃园建筑物依园地的规模而定。大致有工作人员休息室、工具间、果品分级包装间、拖拉机库及车库、药品与肥料库、配药池和化粪池等。其建筑位置,依地形地貌情况,建在交通方便、便于进行全园管理和操作的地段。

(三)排灌系统的安排

1. 灌溉系统

(1)水渠或管道灌溉　水渠或管道与道路系统结合设计,顺公路和简易公路安设主管渠,顺小区路安设支管渠。水渠或管道的位置应高于田间的高度(无压情况),自园地高处向低处的走向,其比降不超过1/4。山地桃园的渠道应自上而下,必要时每层梯田要设水池,以缓冲流速。

(2)蓄水池　山地桃园水源缺乏,需建立蓄水池。水池的数量可根据小区分布情况而定。水池建在道路(水沟)交汇处的实地下,以便雨水自然流进池内。水池的底部用水泥砂浆浇成,四壁用砖块水泥做成,以确保不破裂,不渗漏。每个水池都由主池和过滤池组成,两池相连;主池的长×宽×深=300厘米×250厘米×150厘米;过滤池的长×宽×深=80厘米×80厘米×70厘米。蓄水时,水经过滤池到主池,这样能使泥沙基本不进主池而沉积在过滤池里,停止进水后再把过滤池清理干净。

(3)节水灌溉 采用喷灌或滴灌等节水灌溉技术,对节约用水和更好地满足桃树生育的需水量,非常有益,是今后的发展方向。这种灌溉设计技术要求较高,应请水利部门进行设计和施工。

2. 排水系统

桃树不耐湿,长期积水会造成烂根甚至死亡。因此,桃园必须建立排水系统。排水方法分为明沟排水和暗沟排水。前者比后者设施简单、费用少。但也有根系伸展范围变窄的问题。

(1)明沟排水 其优点在于排水量多,排水面积大。地表面有积水时容易排水和作业简单的,一般与道路系统结合设计。

路边排水沟即为田间排水沟,主干道边的排水沟即为田间的主排水沟,田间道边沟为支沟。排水沟的深度与宽度,应根据当地雨量大小、地下水位高低和果园积水程度而定。雨量集中时,每行都应有临时排水沟与道边沟相通。山地桃园排水沟,应设在梯田内壁;垂直的排水沟要选在自然低洼处;坡度大的,还应建立跌水设施,以免水流对土壤造成冲刷。对桃园的出水垄沟和外围沟,要进行彻底清理,清除杂草和淤泥,确保排水通畅;有条件的,也要对畦沟加深。

(2)暗沟排水 设计与明沟排水系统基本一致。设施费用高,但通过埋设施、再回填沟,使地面平坦,方便果园作业。暗沟排水需将支沟和干沟连通,为了快速排水,间隔应比明沟排水要窄。

(四)防护林的营造

防护林对改变果园小区气候,降低风速,减少蒸发,保持水土和减少交通主干线的污染等,都有明显的效果。以五月鲜桃为例,有防护林的花芽受冻率为 4.7%,而无防护林的则为 20%。

桃园防护林,以透风林为宜,一般是三行乔木与两行灌木相结合。林带边,要挖断根沟,防止防护林木的根系进入桃园。林带应早于桃树 1~2 年定植,或栽种 2~3 年生大树苗,才能在桃树定植后起到防护作用。

(五)其他配套设施建设

1. 管理房与仓库

管理房与仓库均按 6.67 公顷(100 亩)桃园建设 200 平方米的比例建造。位置选择有两种方式,一是建在桃园中心位置,能方便使用;二是建在附近的公路边,能扩大影响,提高知名度,并且有利于产品流通。

2. 护林房

每 3~4 公顷(45~60 亩)果园建造一幢面积为 20 平方米的护林房,供 1~2 名看护人员居住。护林房要建在视野开阔、便于看守和管理的地方。

3. 畜牧场

为使果园有足够的有机肥,按桃园面积平均每 667 平方米养 2 头猪的指标,建造规模适宜的养殖场。养殖场要建在不影响管理房和仓库的卫生,而且运输、用水均方便的地方。

4. 电 源

要架设电线,把电力引到位置适中的地方,以方便于用电。

三 桃园整地与土壤改良

良好的土壤是桃树高产、优质的基本保障。定植前的整地与土壤改良十分重要。

(一)深 翻

新建园要普遍深翻 80～100 厘米。如采用沟状整地,要求沟宽 150 厘米,沟深 80 厘米,并按株行距确定深翻沟的位置。

(二)调节坡地倾斜度

用斜坡地种植桃树时,最好利用挖高补低的方法,将斜坡倾斜角调节到 8°～10°,以防表土流失。

(三)土壤改良

土壤改良要结合定植和土肥管理进行。各地应根据当地土壤的特点,进行改造。土壤改良过程分为两个阶段。

1. 保土阶段

采取工程或生物措施,使土壤流失量控制在容许流失的范围内。如果土壤流失量得不到控制,土壤改良亦无法进行。对于耕作土壤,首先要进行农田基本建设。

2. 改土阶段

其目的是增加土壤有机质和养分含量,改良土壤性状,提高土壤肥力。改土措施主要是种植豆科绿肥和施农家肥。当

• 44 •

土壤过砂或过黏时,可采用砂黏互掺的方法。

用化学改良剂改变土壤酸性或碱性的一种措施,称为土壤化学改良。常用的化学改良剂有石灰、石膏、磷石膏、氯化钙、硫酸亚铁和腐殖酸钙等。可视土壤的性质而择用。

采取相应的农业、水利、生物等措施,改善土壤性状,提高土壤的肥力过程称为土壤物理改良。具体措施有:适时耕作,增施有机肥,改良贫瘠土壤。进行客土、漫沙和漫淤等,改良过砂过黏土壤。平整土地;设立灌、排渠系,排水洗盐、种稻洗盐等,改良盐碱土。植树种草,营造防护林,设立沙障固定流沙,改良风沙土等。

(四)种植绿肥

在桃树定植后,可于行间空地种植沙打旺、田菁、苜蓿和草木樨等。

四、苗木定植

(一)定植时期和定植密度

1. 定植时期

北方地区冬季寒冷而干燥,要在春季定植。从土壤解冻开始,越早定植越有利于根部生长,提高成活率。南方地区在秋季或冬季定植。民间有"秋栽先发根,春栽先发芽,早栽几个月,生长赛一年"的说法。这是经验之谈。在确定桃苗定植时间时,可以借鉴。

2. 定植密度

定植密度依品种、树形、管理水平和土壤状况等确定。就树形而言,主枝自然开心树形,每公顷栽 400～500 株,株行距为 4 米×5 米,或 4 米×6 米。"Y"字树形,每公顷栽 900～1 000株,株行距为 2 米×5 米,或 2 米×6 米。山地桃园每公顷栽 800～900 株,株行距一般为 3 米×4 米。

(二)定植方式

桃树定植方式,需依各地地形、技术条件和机械化水平等确定。主要采用长方形。山地定植随着坡面的大小和坡度的缓陡程度而变化,可以在一个园中采用不同的定植方式。

1. 长方形定植

即株距小、行距大的栽植方式,如 4 米×5 米,或 2 米×6 米等。此种方式行间大,成形后行间受光条件好,便于机械化管理,单位面积株数多,密度大,能提早受益,是发展的趋势。

2. 其他定植方式

丛植方式,即一穴栽 2～3 株的栽植方式。每株成一主枝,对提早结果,增加结果面积有利。

双行带状栽植,即一宽行一窄行的栽植方式。这种栽植方式,可提高密植程度,宽行内便于操作,但窄行间又不便于操作。

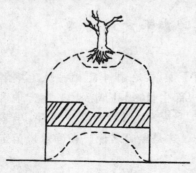

图 4-1　定植坑示意图

(三)定植方法

1. 挖定植穴

有条件者,应在秋季定植前 1～2 个月挖好定植穴(图 4-1)。

(1)选穴点　挖定植穴之前,应先测出定植点,即穴点。在每个定植点上钉好木桩,或点上石灰。

(2)定坑深　坑深为 80～100 厘米,宽 60～100 厘米,中心稍微突起一点。在土层深厚的熟地,定植穴可浅一些,小一些。土层浅的河滩地和山地,定植穴应深一些,大一些。

(3)挖　坑　挖穴时,以点为中心,把表土与底土分别放在坑的两边。挖好深坑后,内填好土,深度在 40～60 厘米之间,加入一定量的肥料、作物秸秆类植物材料或麦饭石,经一定时间下沉后,与表土混合塌实后,再栽桃树。

(4)客　土　在原定植坑(沟)外深刨挖沟。有条件的,一次可扩出宽 50～100 厘米,深 60～80 厘米。将挖出的砂石或黏土,放在一边待运。在坑(沟)内,填入好土,并加上一定量的肥料或作物秸秆类材料。俗称"放树窝子"。

2. 根系消毒

定植前,对苗木根系进行消毒。用 1% 硫酸铜溶液浸 5 分钟,再放到 2% 石灰液中浸 2 分钟。

有机栽培中也可将 20 升地下水对 200 毫升醋和 200 毫升木醋液,充分搅拌,于 25℃～30℃ 条件下浸根 3～5 小时。木醋液的配制参见天然营养液的配制方法。

3. 生根剂的制作与使用

用地下水 20 升,黄土 15～20 千克,麦饭石 500 克,酶 20 克(酶的配制参见天然营养液的配制方法),青草液肥 100 毫升,米糠 50 克,于 30℃ 搅拌 10 分钟至稍有黏度,即为生根剂。也可以用 ABT 生根粉代替。将苗木根系放在生根剂中浸过后,置于阴凉处,即可种植。

4. 苗木栽植

按品种安排,将树苗放于穴内,使根系充分展开。然后三人一组,把苗木扶起,用定植板或采用目光对照的办法,对准苗木的株、行向,再把树苗的根系展平。栽时先填入表土。填至一半时,将苗木上提,并加以轻摇,使根系和土壤贴实。栽植深度以苗木原来的入土深度为准。然后一边填土,一边踏实,直至与地面相平。然后灌足水。待水渗下后,覆土与地面相平,并在苗木的周围用细土做小土堆,俗称"封埯",以防水分蒸发和树干摇动,或在树干旁插一竹竿,用绳子把树苗松快地绑于竹竿上,加以固定。最后,再在苗木根颈四周盖一块地膜,将四周压严。

苗木根系要充分埋入土中,不能直接接触堆肥。秋季栽植时,为防止冻害,要把树冠用稻草包好,或是用土盖好。

(四)半成苗(芽苗)的定植

为了加速桃园建设和解决苗木供不应求的问题,近年来不少地方采用半成苗进行定植。

半成苗,即当年芽接后尚未萌发的芽苗。将它于当年或翌年春季出圃直接定植,称为半成苗栽培。其优点是,苗期短,成形早,收益快。

此类栽种的桃苗,可在夏季苗木生长到定干高度时摘心,使其发生二次枝。可利用二次枝整形。即一年成形,二年结果,三年可以达到每公顷7 500千克的桃产量。

因此,在栽植上必须做到严格选择苗木。即必须选栽接芽饱满、根系生长良好的苗木;剔除接芽不饱满、愈合不良的苗木。

定植后,芽开始萌动时,应检查其成活率。把没有成活的苗做上标记,以便及时补种或补接。其剪砧及除萌工作,与苗圃相同,但要求更加细致。

五、苗木定植后的管理

桃苗栽植后,用稻草、塑料膜在根颈周围做直径 1 米的树盘,浇透水,覆土保墒。由于冬季土壤干燥,所以,在发芽前灌水 2～3 次为好。

接芽萌发后,应套透明袋,以防虫害。抽嫩梢后,要及时在袋顶开口通气,以免袋内温度过高,烧伤新梢。砧木上产生的芽一定要及时抹掉。同时要引导苗木直立生长。

当新梢长到 10 厘米左右长时,去袋,插竿绑缚,以防被折断。当新梢长到 60～70 厘米长时,应扭梢或摘心,按整形要求保留 2～3 个二次枝作主枝培养。对其他二次枝,可将其中的 2～3 个进行扭梢或摘心,作为辅养枝,而将其他多余的剪除。

在苗木生长期,为促使幼苗生长,可视生长状况,追施 2～3 次肥料或营养液。同时,要加强苗期病虫害防治,保证苗木健康生长。

第五章 桃园土肥水标准化管理

一、桃园土壤管理

土壤是桃树扎根生长的场所,并从中吸取所需的营养物质和水分。对桃树采取施肥、灌溉、耕作和管理等措施,主要通过土壤而起作用。因此,土壤管理对增强树势、提高果实品质和产量,都起着重要的作用,是生产管理中一个重要的环节。桃园的土壤管理,主要包括深翻改土、中耕除草、表土管理和合理间作等工作。

(一)深翻改土

深翻对改良土壤的性状,特别是改良深层土壤的理化性状,效果显著,能为桃树根系生长创造良好的环境条件。实践证明,在深翻的土壤中,桃树根系分布层加深,水平分布范围扩大,根量明显增加,地上部生长健壮,枝芽充实,果品质量和产量提高。

1. 深翻时期

深翻有秋翻和春翻之分。我国大部分地区以秋、冬季深翻为主。秋季是深翻的较好时期,应在果实采收后至落叶前,即 9~11 月份进行。此时,桃树地上部生长缓慢,营养物质消耗减少,并已开始回流积累,对深翻造成的损伤也容易愈合;同时,还易于发生新根,吸收营养物质,在树体内积累,从而有利于桃树第二年的生长发育。

2. 改土深度

耕翻土壤的深度与地区、土壤质地和砧木品种有关。桃的根系一般分布层在50厘米左右深的土层内。在江苏无锡水稻田中,桃的根系分布在4～15厘米,而在有些地区的粉砂壤土中,根深可达276厘米。深翻应达20～60厘米深。树干附近应浅,向外逐渐加深;砂质土宜浅些,黏重土应深些;地下水位低,土层厚的,宜深翻;反之,则宜浅。

3. 翻后管理

深翻后应灌水,有利于松土与根系结合,促进根系生长。在北方有冻害的地区,还应在树干周围适当培土,以保护根颈,减少冻害。

深翻的土壤,其孔隙度增加,透水性和保水性能增强。土壤中的空气和水分情况也得到改善,有利于微生物的繁衍和活动,提高土壤的熟化程度,可促使难溶的营养物质转化为可溶性养分,提高土壤的肥力。

(二)中耕除草

桃树生长期内均需中耕除草,多在灌水后进行。中耕除草能够防止杂草造成的水分蒸发和养分消耗,改善土壤空气条件,促进微生物活动,加速有机质分解,有利于根系的生长和养分吸收。但此法不能增加土壤的有机质含量,若长期应用会对土壤结构有所破坏。同时用工多,会加大生产开支。

(三)表土管理

表土管理的方法,主要有清耕法、生草法和覆盖法。各种管理方法均有其优缺点(表5-1),要根据树龄、位置和土壤性质,来选择最合理的方法。

表 5-1　表土管理方法优缺点的比较

管理方法	操作原则	优　点	缺　点
清耕法	把果园管理得不生草,维持露地状态。可分为中耕除草法和除草剂除草法	无养分、水分的竞争,无病虫害的潜伏场所,管理方便	土壤和养分易流失,低温时昼夜差别大,水分蒸发严重
生草法	栽培牧草或自然生草	有机物能适当还原,维持地力;抵制侵蚀,改良土壤结构;土温变化小;提高果品质量	会与草争夺养分和水分,幼苗易缺少养分,可提供病虫害潜伏场所,低温期地温上升慢
覆盖法	在土壤表层覆盖腐熟有机肥,再在最上层覆盖未熟堆肥	防止土壤侵蚀,提供养分。生长杂草,防止水分蒸发。增加土壤有机质,改良土壤性质。落果时可减轻损伤	早春地温上升慢,易受霜害。冬季鼠类危害多。根系分布浅,干燥期易发生火灾

1. 表土管理方法的选择和应用

桃园表土管理,要根据地形和树龄来进行。如对幼苗,要避免杂草与它争夺水分,就应采用清耕法。对平地成年桃园,应采用生草栽培;对斜坡地桃园,采用生草栽培和覆盖栽培,更有利于管理土壤。

虽然全园养草有诸多优点,但是在桃树周围直径 60～80 厘米内不应生草,以免为无益的昆虫提供栖息地。同时,选择生草栽培用草时,应选择弱光照条件下也能生存的草种,原则上应选择多年生草种。

2. 常见的覆盖及生草方法

(1) 覆　草　在桃树树冠下或株间,覆以秸秆、杂草等,以收到减少地表蒸发、抑制杂草生长和降低地表温度变化幅度等效果。一年四季都可进行。冬季覆草能保墒和稳定土壤温度,有利于幼树安全越冬,减少抽条。若覆杂草,则所用杂草应在结籽之前刈割。覆草的厚度,一般干草为 20 厘米,鲜草为 40 厘米左右。厚薄应均匀。冬季覆草应在草上压些土,以免覆草被风吹跑。若长年覆草,不进行秋翻的,其桃园应每年添加覆草,使腐熟草的厚度保持在 10～20 厘米。覆草腐烂后翻入土中,能增加土壤中的有机质,改善土壤理化性状,促进微生物活动,增强土壤的通透性和保水性,有利于营养物质的转化,促进根系的生长和吸收功能。

(2)自然生杂草 把自然生长的杂草直接作为生草栽培的用草。由于有机物质数量少,因而使用这种方法也收不到很好的效果。具体方法为:在桃园内不除草,任杂草自然生长。

(3)混种牧草 混合种植牛尾草、意大利黑麦草、鸡足草和三叶草,既可以改良土壤,还能生产出大量的牧草。

(4)种植绿肥作物 种植的绿肥作物,有草木樨、三叶草和苕子等。可因地制宜地选择绿肥作物的种类。

以上生草覆盖技术均需在草长到 30 厘米左右高时,留2～5 厘米长后进行刈割。刈割后,将草均匀地覆在桃园内,或作为饲料。桃园四周要保留 1 米左右宽的地带不割,以给昆虫及天敌保留一定的空间。一般南方地区每年割草 4～5次,中部地区每年割草 3～4 次。割草作业可以用镰刀进行。如果用割草机作业,则每人每天可以割草 1 公顷。

采用生草或种绿肥的桃园,应增施肥料,以满足草类及绿肥作物生长的需要。经过较长时间,在土壤的肥力和结构得到改善后,才能减少施肥量。

(5) 种植香草　桃园实行生草栽培时会有很多昆虫生长，危害性较大。如果桃树周围种上了薄荷、鱼腥草、三百草、驱蚊草和沙参等香草之后，就消除了昆虫的危害。实践证明，在桃树周围种植香味很浓的一些香草，有驱虫的效果。不仅可防虫害，也可防鸟害。

总而言之，生草或种植绿肥作物，对改良土壤理化性状，提高土壤有机质含量和保肥、保水的能力，节省劳力，改善生态环境，提高果品质量和产量，都具有长远的意义。因此，种植香草具有很大的推广价值。

（四）合理间作

幼年桃树树冠小，桃园空地较多。适当种植间作物，可以充分利用土地和光能，增加收益，并增加土壤有机物，改良土壤的理化性状，抑制杂草生长，减少地面水分蒸发和水土流失，缩小地表温度变化幅度，改善生态条件，有利于树体生长。

1. 间作物的选择

进行桃园间作，应因地制宜，选择生长期短，消耗肥水较少，病虫害发生少。并且需肥水期要与桃树错开的作物。常用的间作物，有花生、大豆和绿豆等豆科作物。选择优良间作物品种，要达到桃、粮或桃、菜都有收益，并且不影响桃树生长的目的。

2. 注意事项

第一，间作物与桃树主干需保持 1 米以上的距离，以确保桃树有足够的生长空间。

第二，确保肥水的供给，尽量避免间作物与桃树争夺养分。

第三，降水量大的地区不宜进行间作。如果进行了间作，则应在雨季之前及时清理间作物，以防发生涝害。

第四,间作绿肥作物,如白三叶和紫花苜蓿等,刈割后要将其覆盖于树盘,以便有利于改善桃园环境,增加土壤有机质。

第五,间作物应进行轮作换茬。

第六,成年桃园树冠已占满全园,成为郁闭状态,这时大多已不再种植间作物。但是,行间大的桃园,也可因地制宜地种植耐阴的作物,如中草药和一些耐阴蔬菜。

二、桃园施肥技术

(一)肥料选择

桃无公害栽培允许使用的肥料,包括有机肥料、腐殖酸类肥料与化学肥料等。应该以施用有机肥或微生物肥料为主,限量施用化肥。有机肥或生物肥料与化肥的施用比例为 8:2。

1.有机肥料与腐殖酸类肥料

(1)主要类型 如厩肥、堆肥、沤肥、饼肥、泥炭肥、沼气肥、植物枝干和秸秆等农家肥、商品有机肥与有机复合肥,以及腐殖酸类肥料与微生物肥等。厩肥,也叫圈肥、栏肥,是指以家畜粪尿为主,混以各种垫圈材料积制而成的肥料。堆肥,是以植物性材料为主,添加促进有机物分解的物质,经堆腐后的肥料。堆肥材料十分广泛,如枯枝落叶、树皮、蔗渣和禽兽粪便等。沤肥,是天然有机质经微生物分解或发酵而成的一类肥料。常用的材料有绿肥作物、人粪尿、厩肥、堆肥、沤肥、沼气肥和废弃物肥料等。

(2)农家肥 桃园施用腐熟后的农家肥,其利用率高,肥效快。农家肥施入土壤后,一般 15～20 天就可发挥肥效,当年利用率在 40% 以上。有机肥的肥效速度如表 5-2 所示。

表 5-2　有机肥的肥效速度

| 肥料名称 | 各年肥效（%） | | | 速效情况（%） |
	第一年	第二年	第三年	（几天内可以发挥肥效）
腐熟粪	75	15	10	12～15
圈　粪	34	33	33	15～20
土　粪	65	25	10	15～20
炕　土	75	15	10	12～15
人　粪	75	15	10	10～15
人　尿	100	0	0	5～10
马　粪	40	35	25	15～20
羊　粪	45	35	20	15～20
猪　粪	45	35	20	15～20
牛　粪	25	40	35	15～20
鸡　粪	65	25	10	10～15
草木灰	75	15	10	约 12

注：引自李靖主编的《优质高档桃生产技术》

　　凡农家堆制、沤制的肥料，必须经过 50℃以上温度的发酵，才能充分腐熟。

　　(3) 城 市 垃 圾　符合卫生指标的城市垃圾，必须经过无害化处理。含有重金属、橡胶等有害物质的垃圾，不得使用。

　　桃树不适合施用新鲜的禽畜粪肥。桃树不能利用新鲜的粪肥，因为其发酵时产生的热量和有毒气体，会使桃树的吸收根不向施肥的部位生长，即使原有的埋在粪肥中的吸收根，也会受损害或死亡。

　　新鲜粪肥在土壤中发酵过程缓慢，待其发酵完毕，能够被桃树利用时，桃树的果实也基本采收完毕。当生殖生长基本结束时，大量的养分便供应营养生长，造成树体上徒长枝发生多且旺长。夏剪工作若不及时，会使树体处在不良通风透光条件下，造成下部果枝干枯死亡，果枝花芽质量差。

(4)有机肥分类 有机肥根据成分可进行如下分类：

①含氮有机肥类 有油渣、鱼肥类、骨粉类、蚕粪、米糠、人粪、鸡粪和各种堆肥等。

②含磷有机肥类 有骨粉、草木灰、油渣、农产品渣子、米糠、鱼肥类、蚕粪、鸡粪和牛粪等。

③含钾有机肥类 有草木灰、油渣、农产品渣子、米糠、猪粪、牛粪、蚕粪、绿豆、野草和各种堆肥等。

2. 化学肥料

(1)主要特点 包括矿物质经物理化学工业方式生产的无机盐类，如硫酸铵、磷酸钾、矿物钾、矿物磷、煅烧磷盐（钙镁磷肥、脱氟磷肥）、石膏和硫黄等。化肥的突出特点是肥分多，见效快，通常作追肥施用。

上述肥料，必须是国家法规规定，由国家肥料部门管理的、以商品形式出售的肥料。

(2)主要类型 化肥根据成分可进行如下分类：

①氮　　肥 如硫酸铵、尿素、草酸氨和石灰氮等。

②磷　　肥 如过磷酸石灰和水溶性磷肥等。

③钾　　肥 如硫酸钾和氯化钾等。

④杂质肥料 如各种复合肥、火性肥和固形肥料等。

在化肥使用中，应严格控制含氯化肥和含氯复合肥。

3. 其他肥料

经无害化处理过的有机复合肥，不含有化学合成的生长调节剂的叶面肥，不含有毒物质的食品、纺织工业的有机副产品，如骨粉、骨胶废渣、氨基酸残渣、家禽家畜加工废料和糖厂废料制成的肥料，以及有机或无机的复合肥料等。

(二)施肥量的确定

施肥量,应根据品种、树龄、产量、生长势、土壤肥力和肥料种类等因素确定。有条件的地区,可以根据叶分析、土壤分析及桃树实际肥料需要量来确定施肥量。

1. 根据土壤肥力施肥

土壤肥力好的桃园,幼树期开始的 2~3 年,以基肥为主,不施或少施氮肥作追肥,以免引起徒长和延迟结果。施肥量以不刺激幼树徒长为原则,一般主枝延长枝的粗度(基部)以不超过 2.0 厘米为宜。成年树以产量和生长势为主要依据,延长枝粗度以 1.0~1.5 厘米为好。

2. 根据品种与树龄施肥

早熟品种可适当少施氮肥,而且宜在施基肥或早春时施用。直立性品种易上强下弱,应注意少施氮肥。衰老树及弱树宜适当多施氮肥,以恢复树势。

3. 根据经验施肥

有经验的果农可根据产量、树势和地力情况,确定施肥数量。如北京果农的施肥经验是,每生产 50 千克果,应施基肥 100~150 千克有机肥,追施有效氮 0.3~0.4 千克,磷 0.2~0.3 千克,钾 0.5~1.3 千克。根据有关资料,结果期桃园每公顷的施肥量,氮(N)为 55~65 千克,磷(P_2O_5)为 55~65 千克,钾(K_2O)为 110~135 千克。

(三)施肥方法

1. 基肥施用方法

由于基肥对果实产量、品质影响较大,因而应给予足够的重视。通过应用不同的施肥方法,多年大量施入基肥,桃园的土壤能够得到很好的改良。

(1)施肥时期 基肥多在根系开始活动前施入。我国桃树栽培区域分布较广。在北方寒冷地区,应在入冬前土壤未结冻时施基肥。江浙一带,桃树的基肥应在 11～12 月份施入,施肥最佳时间是秋季桃落叶前 1 个月。若施肥时期推迟,来年新梢会旺长,致使落花落果严重。

(2)肥料种类及用量 施用基肥的肥料种类,以有机肥为主。有机肥分解慢,可以防止肥料流失。施用量为全年施入氮素的 60%～80%,磷素的 90%～100%,钾素的 50%～70%。一般优质桃果生产应以目标产量和施入基肥量的比例为 1∶2 较适宜,即每生产 100 千克优质桃果,应施入 200 千克基肥。

(3)施用方法 施肥的方法直接影响到施肥效果。正确的施肥方法是,将有限的肥料施到桃树吸收根分布最多的地方而又不伤大根,从而最大限度地发挥肥效。常用基肥施肥方法有环状施肥法、猪槽式施肥法和营养库沟施肥法。

①环状施肥法
这种施肥方法,多用于没有进入盛果期幼树的施肥。在树冠投影外围,向外开环状沟,沟宽 30～40 厘米,深度依据桃树根系分布情况而定,一般为 40～60 厘米。开好沟以后,将基肥施入沟内,与土

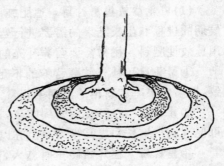

图 5-1 环状施肥法

壤(最好用表层土)混拌均匀,然后覆土(图 5-1)。

幼树施基肥,主要考虑根系的生长范围,在树冠占满行间之前,不能进行全园撒施,而适合于使用环状沟施肥法。

②猪槽式施肥法 这种施肥方法适合给盛果期成年树施肥时采用。其做法是将环状沟中断,分为2～4个猪槽式的沟,每次施肥最好更换挖沟位置,逐年挖通。这种方法比环状沟施肥省工,伤根也少,施肥面积大。

③营养库沟施肥法 在树体枝头不再发展的桃园,施基肥可采用营养库沟施肥法。其方法是,在行间或株间树冠外围挖宽 60～80 厘米、深 40～50 厘米的通沟,让树盘畦面处于较高的位置,营养库沟较低,沟两边做埂,相邻两行树的两条营养库沟间,保留 30 厘米左右的作业道,作业道在整个桃园处于最低位置,待雨季时兼作桃园排水沟用。

总之,不管桃园选择哪种施肥方法,都必须将有机肥与表层土混拌均匀,施入后覆土。施肥后浇灌一次透水。灌溉水以渗入地下 60 厘米左右,地表不积水为宜。

2. 追　肥

(1)成年桃树追肥时期 追肥施用的时期,主要是根据物候期的进程和生长结果的需要进行营养补充而确定。一般都用速效性肥料。桃树需要营养补充的几个关键时期如下:

①萌芽前 补充贮藏营养的不足,可以促进开花整齐一致,提高坐果率和新梢的前期生长量。以速效氮肥为主。

②开花后 在开花后 1 周施入,补充花期对营养的消耗,可促进新梢生长和提高坐果率。亦以速效性氮肥为主。

③硬核期 在开始硬核时施入,供给胚的发育与核的硬化所需的营养,有利于果实增大、新梢生长和花芽分化。以钾、氮肥为主,三要素肥配合施用。这是一次关键性的追肥。

④采收前 一般在采前 20 天施入,以提高果实品质,增

进果实大小,提高含糖量。主要施用速效性钾肥,有条件的可施速效性有机肥,如腐熟好的豆渣液等肥料,能明显增加桃果的甜度。

⑤采收后 主要是对消耗养分较多的中熟和晚熟品种树或树势衰弱的树进行施肥。以恢复树势,增加树体内的养分积累,提高越冬抗寒性,为下一年丰产打下基础。亦以氮肥为主。

⑥不同品种追肥要点 对于早熟品种(6月中旬以前),由于果实成熟早,果实小,产量较低,施肥量不宜过大。追肥宜早,一般在花前追肥。施后要灌水。

对于中晚熟品种(6月下旬以后),由于果实成熟较晚,生长期长,果实大,产量高,因而施肥量相应比早熟品种多二成,花前和花后(果实迅速膨大期)各追肥1次。此时正值高温少雨季节,要保证足够的水分供应。

成年桃树已占满空间,为了节省用工,平地桃园追肥可以全园撒施,然后用人力或机械将肥料翻入地下。但基肥还是以沟施为好。

(2)幼年桃树追肥 幼树高度低于3米时,应增加氮肥施用频率,一般每周每公顷施用2～5千克,或每2周每公顷施用5～10千克的氮肥,以保证幼树快速生长。幼年桃树的追肥可采用穴施和环状撒施。也可将化肥撒施在树冠下地表上,在1～2天内进行浇水。此方法具有不破坏土壤结构、不伤害根系和节省劳力等优点。

3. 根外追肥

根外追肥也是一种十分重要的追肥方法,可根据实际情况适当采用。

根外追肥,也称叶面喷肥。这种施肥方法,肥效快,用肥省,既可以及时满足桃树的急需,又可避免某些元素在土壤中被固定。

(1)适于根外追肥的化肥 尿素、磷酸二铵、硫酸钾、磷酸二氢钾、硫酸镁、钼酸铵、硫酸亚铁、硫酸锌、硼砂、硼酸和食醋等,均可用来进行叶面喷施。而碳酸氢铵、氯化铵与氯化钾等,则不能叶面喷施,否则会造成肥(药)害。

(2)不同营养元素的作用 在优质桃果生产上,叶面喷肥可使叶片增大、增厚,提高坐果率,增进果实品质。如喷氮,能提高叶片的光合作用;喷磷,能促进根系生长;喷钾,能促进新梢和果实的生长,提高果实含糖量。

除氮、磷、钾三大肥料要素外,其他肥料可根据上年桃树的生长情况,或测土测叶的结果,适时喷施,做到缺啥补啥。硫酸亚铁是专门防治缺铁性黄叶病用药肥,无此病不能乱喷。硫酸锌治疗小叶病,无此病也不可乱喷。硼砂、硼酸液,在初花期喷施,可明显提高坐果率。钼酸铵在开花前喷施,浓度为0.1%,也可显著提高坐果率。硫酸镁在花芽分化期和果实着色期喷施,可明显增加花芽量,促进花芽分化,提高果实的单果重量和品质。

(3)肥液浓度 桃树上常用的各种肥料喷施浓度为:尿素0.3%～0.4%,硫酸铵0.4%～0.5%,磷酸二铵0.5%～1.0%,磷酸二氢钾0.3%～0.5%,过磷酸钙0.5%～1.0%,硫酸钾0.3%～0.5%,硫酸亚铁0.2%,硼酸0.1%,硫酸锌0.1%,草木灰浸出液10%～20%。与农药混用时,应仔细阅读农药使用说明书,然后按照说明书介绍的方法施用。根外追肥应注意浓度,对幼树比对成龄树的浓度要低一些。

(4)喷施时间 喷肥要在晴天进行。夏季中午炎热时不能喷施,以免因气温高,蒸发快,肥液浓缩太快,而使叶片发生肥害。

(5)施用要点 根外追肥时，一定要对叶面特别是叶背喷足喷匀。叶背气孔多，更有利于追肥的渗透和吸收。

喷肥 15 天后，效果明显。20 天以后，肥效逐渐降低，到 25 天后肥效完全消失。如想在某个关键时期发挥喷肥作用，最好每隔 15 天左右喷施一次，年生长季应连续喷施 10～12 次。

(6)主要元素施用经验 氮，在生长季里，当枝条生长在 20～30 厘米长，可以结合喷药进行，可喷 0.3%～0.4%尿素。整个生长季可喷 3～4 次。

缺钾。缺钾的桃园可喷磷酸二氢钾 0.3%～0.4%，整个生长季可喷 2～3 次。

缺硼。缺硼的桃园在秋季和春季喷硼砂液 1～2 次，浓度为 0.2%～0.5%。严重缺硼者可在根际施硼。

缺锌。桃树缺锌，可在秋、春两季叶面喷 1%硫酸锌＋0.5%生石灰溶液，或休眠期喷 1%～5%硫酸锌溶液。

缺钙。果树钙元素缺乏和不足，就会诱发裂果病等多种生理病害。生产上可结合病虫害防治进行果面、叶面喷钙肥。在果实生育期一般可喷 4 次。

(7)氨基酸叶面肥喷施 优质有机桃生产中，可喷施氨基酸叶面肥，又叫酵素菌生物有机叶面肥。该肥含有益细菌、放线菌、酵母菌等三大类二十三种微生物群体，以及多种活性酶、维生素、乳酸、氨基酸、活性葡萄糖和果糖等有效物质。在桃树上喷施后，能促进叶片的光合作用，改善桃树的生理功能，提高坐果率及果实糖度，果实膨大快，增加亮度和色度，增加果个比重。生产的桃果个体大，色泽鲜艳，含糖量高，能延长采摘期和耐贮运。根外追肥不仅能够为桃树提供综合养分，还能够减轻桃园病虫害的发生。

(8)氨基酸涂干 实际生产中,还可以使用氨基酸涂干,肥效发挥效果更好。氨基酸液肥富含氮、磷、钙、硫等有机活性营养,是植物最易吸收利用的肥料。

氨基酸液肥渗透力强,涂干后易于被树体表皮吸收和传导。其优点在于:快速补充营养,替代化肥增加肥效,利用率高;无营养障碍,安全可靠,能提高产量,改善品质,增加含糖量;使用方便,省工,成本低。涂抹时间在发芽前至9月中旬,每隔10~15天涂抹一次。年生长季涂抹8~12次。涂抹方法是,从主干分枝处向上涂40~50厘米。使用浓度按照使用说明书调配。陕西硕丰农化开发公司的产品为5~8倍液,其他厂家的产品多为3~5倍液。

应当注意的是,化肥在施用时,均存在相互抑制或相互促进的作用(表5-3)。

表5-3 化肥的抑制作用和促进作用

种类	影响吸收的元素	有助于吸收和体内移动的元素
氮	—	—
磷	钾、铁、铅、铜	钙、氮、镁、硅酸
钾	氮、钙、镁	硼、铁、锰
镁	钾、钙	磷、硅酸、氮
硼	氮、钾、钙	堆肥
锰	钙、铜、铁、铅	钾、氮
铁	钙、磷、锰、铅、铜	钾
铅	钙、磷、氮、钾、锰	堆肥
钼	铵、硫酸、镍、铁、锰、钙、镁	磷、钾
铜	钙、氮、铁、磷	钾、锰、铅
钙	氮、钾、镁	磷

(四)堆肥快速发酵法及堆肥的使用

1. 堆肥的快速发酵制作

(1)堆肥的材料　除了玻璃、铁片和塑料等不可堆腐分解的材料外,几乎所有的有机物均可作为堆肥材料。如稻草、麸子、麦秸、山野草、锯末、果园修剪枝和各种动物粪便等,均可作为堆肥材料。

(2)快速堆肥发酵法　快速堆肥发酵法比传统堆肥更易被土壤有益生物所利用,可以使土壤迅速肥沃起来,而且可在1～3个月内完成发酵。其发酵方法有酵素腐熟法和碳酸氢铵水溶液发酵法两种。

①**酵素腐熟法**　酵素是一种无公害"酶"速成高温发酵剂。农业生产中使用酵素腐熟的有机肥,能够改良土壤,预防植物疾病,消除公害,促进植物生长,提高农作物产量和改善品质。

8月份,备足所需使用的禽畜粪和其他物料。这些物料有各种粉碎的秸秆、稻壳、野草和锯末等。专家认为,根据物体还原理念,桃枝、叶和果内所含的养分,是桃树最容易吸收利用的全素营养。把所有发酵原料与酵素按照1 000∶1的比例混拌均匀,将水分调至60%左右。发酵床用作物秸秆或树枝铺垫10厘米左右,把发酵物堆放到发酵床上。一般高度不超过1.2米,宽度在3～6米之间,长度随意。上部用能透气的苫盖物盖好。当温度达到60℃以上时,保持3～4天,然后倒堆进行二次发酵。当温度再次达到60℃以上时,保持3～4天后再倒堆,进行第三次发酵。当温度又一次达到60℃以上时,保持3～4天,就成为高效优质有机肥。

②**2%碳酸氢铵水溶液发酵法**　与上述所备物料相同。

将 2％碳酸氢铵水溶液均匀拌入物料中,水分调至 60％左右,将物料堆放到发酵床上,上面盖好苫物。最好中间倒堆 1～2 次。夏季一般 15～20 天发酵完毕。

经上述任何一种方法所制备的腐熟有机肥,可在秋季桃园施基肥时施入。

2. 鸡粪快速发酵腐制

鸡粪快速发酵须 20 天腐熟,所制成的堆肥无臭、无味、无害,松软呈黄褐色,堆内有灰白色菌丝,含有机质 45％左右。

将干鸡粪呈长条状平铺在地上,按鸡粪重的 35％浇水,每吨鸡粪撒秸秆发酵剂 2 千克。撒入前,应加入米糠或麦麸稀释,加过磷酸钙 15 千克除臭,加草粉或草炭 100～150 千克,拌和均匀后撒在鸡粪上。而后将堆肥翻倒两遍,堆成高约 1 米、宽 2 米的长方形物料堆,并在堆顶打孔通气。最后用长方形塑料布将肥堆覆盖,塑料布与地面相接,隔 1 米压一重物,使膜内既通风又避免被大风鼓起。

在夏、秋季节,早、晚要各揭膜通风一次,时间为 1～2 小时。天气晴朗时,可在头天傍晚揭膜,次日早上覆盖。堆沤 4～6 天后,堆温可升至 60℃～70℃。

如为鲜鸡粪,则先应在地上铺一层秸秆粉,也可用米糠、草粉、花生壳粉或草炭。然后将湿鸡粪铺在上面,按堆料重撒入 0.1％的尿素,按每吨重撒入 20 千克左右的过磷酸钙的比例,撒入足量的过磷酸钙;然后将每吨鸡粪用 2 千克秸秆发酵剂的用量,量取所需的秸秆发酵剂,将其与麸皮或米糠混合撒入,翻倒两遍,堆成宽 1.5～2 米、高 1 米左右、长度不限的堆,并用棍在堆内打通气孔,盖上塑料布保温、保湿、保肥。应特别注意通风换气。堆沤 10 天后可翻堆一次,堆沤 20 天即能熟透,肥分提高,消灭有害虫菌。

3. 堆肥的正确使用

当确认堆肥完全腐熟后,应尽快把它施用到地里。堆肥放置的时间越长,经过微生物的不断分解,其作为肥料的价值越低。

堆肥施用的量没有确切的计算公式,要根据土壤肥沃程度、酸碱度、果树种类和肥料成分等决定。但可以肯定的是,以尽量多施为好。砂质土壤尽可能施用细致的堆肥。若每年每公顷施加锯末堆肥 30 吨以上,可以使土质很快得到改善。黏质土壤应施用完全腐熟的有机肥。若每年施用一些粗糙的堆肥,进行深耕,排水性会变得良好。使用后剩下的堆肥要用塑料布盖好,防止雨水和其他水分渗入。以后施用时,可与新的堆肥混匀施用,效果更好。

(五)天然营养液的配制和使用

配制和使用天然营养液,一是可以促进桃树生长结果,提高桃果的品质与产量;二是可以充分利用生产生活的废弃物,变废为肥;三是可以改善桃园的生态环境;四是方法简便,容易操作。一举数得,值得在桃树标准化生产中大力推广。

1. 酶水溶液的制造与使用

(1)材 料 200 升水桶 1 个,米糠 10 千克,绿洲酵素 4 号 1 千克,红糖 2 千克,地下水 150 升。

(2)制作方法 在水桶里倒 150 升的地下水,再放入绿洲酵素和红糖,一起搅拌 10 分钟,最后放米糠搅拌 20 分钟。

(3)使用方法 在弱树、新移植树与有病树上应用,具有恢复树势,促进发根的作用。施用时,在树的周围挖深 25 厘米左右深的沟,每株施用酵素水溶液 5~10 升,然后再撒入

3～5 千克的发酵有机肥,兼有改土作用。如果在塑料棚里栽培蔬菜,每次灌水时,可按 20 升水对 100～300 毫升酶素水溶液的量进行灌注。酶水溶液在所有的农作物上都能使用。

(4)使用效果 对于老、弱、病桃树具有促进发根的作用。对有腐烂病的桃树,在树冠下的 80％地方翻挖 10 厘米左右,再灌注酶水溶液,具有治疗的作用。定植桃树苗木的前一天,将根部在酶水溶液中泡 12～24 小时,具有促进发根与成活的作用。灌注树的根部,有预防和治疗冻害的作用,和酵素叶面肥同时使用,有更佳的效果。还能促进土壤微生物的增殖和蚯蚓的繁殖,改善土壤的性状,提高土壤的肥力。

2. 芝麻冻的制作与使用

(1)材　料 200 升水桶 1 个,芝麻冻 100 千克(把黄豆和芝麻装在 5 个袋子里),红糖 3 千克,绿洲酵素 4 号 1 千克,地下水将桶灌满为止。

(2)制造方法 把水桶洗干净,放在没有直射光线的地方。把装黄豆和芝麻的袋子放进水桶里。用温度达 40℃的 20 升水加红糖和绿洲酵素,一起搅拌 10～20 分钟,形成菌液。把菌液倒在水桶里,再加满干净的地下水,用塑料膜封盖水桶,再用绳子扎好。经过 40～50 天以后,液体表面产生白膜,就能使用了。

(3)使用方法 叶面喷施方法:用 20 升的水加 100～200 毫升液肥 ＋ 酵素 5 克,混合使用。土壤灌注:用以进行时,每 667 平方米施用 20 升的液肥和 3～4 吨的水。

(4)使用效果 可以促进营养生长,促进原味和香味,使桃树的叶面变厚,增大产量,增强贮藏性。

3. 红糖发酵液肥

(1)材　料 水缸 1 口,红糖 70 千克,地下水 100 升,绿

洲酵素 4 号 1 千克,煮熟的黄豆。煮黄豆的方法是:用黄豆 4
千克,加水 10 升,直煮到水剩 4 升,水温降低到 40℃后就能
使用。

(2)制作方法 将水缸彻底消毒。把材料按顺序倒在水
缸里,搅拌 10～20 分钟。用布最少封盖水缸 3 天,早、晚各搅
拌一次,每次搅拌 5 分钟。从第四天起,连续七天,每天搅拌
一次。搅拌时用竹棍,需经常消毒。制造期间,冬季为 30～40
天,夏季 20～30 天。冬季制造的使用期限是 1 年,夏季制造
的使用期限是 1 个月。当水缸里酵素液的表面形成白膜时,
就可以使用了。

(3)使用方法 制造堆肥时,使用 50～100 倍红糖发酵液
肥液体。防治白叶枯病时用 300～400 倍红糖发酵液肥液体。
防治真菌性病害用 300 倍红糖发酵液肥 ＋ 糙米醋 150 倍液;
防治蚜虫用 300 倍红糖发酵液肥 ＋ 糙米醋 150 倍液。

(4)使用效果 可以预防和防治病虫害,增加果实糖度,
促进着色,强化树体抵抗力和免疫力,促进光合性。

4. 青草液肥

(1)材　料 各种蔬菜类(或山野草) 100 千克,红糖 5～
10 千克,绿洲酵素 4 号 1 千克,大型水缸 1 口,地下水 100
升。

(2)制作方法 将各种类蔬菜粉碎,混合好红糖和酵素。
把以上材料倒在水缸里,用石头压住。加水,用布封盖水缸。
经过 40～60 天,就会完全发酵。

(3)使用方法 制作之后在 2～3 个月内使用。作叶面肥
用 100～300 倍青草液肥。灌注土壤用量为水 3～4 吨 ＋ 液
肥 20 升。

(4)使用效果 可以促进生长,增强抗病力,增强土壤的

物理性,促进微生物的活性化,增加糖度,增强贮藏性。

5. 绿汁发酵液肥

(1)材 料 材料为叶菜类、根菜类、瓜菜类和水果等,以及野菜类的叶子、根、果等。将以上各种材料粉碎,做成绿汁50升;红糖15千克,绿洲酵素1千克,豆浆4升,容积100升的水缸一口。

(2)制作方法 将水缸消毒灭菌,把豆浆倒进水缸里,再放红糖后搅拌溶化。倒入绿汁后再搅拌。放进酵素,然后再搅拌10~20分钟。用麻布封盖水缸。每天搅和一次,连续10天。过10天之后,相隔2~3天搅和一次。夏季过10~15天,冬季过20~30天后,就会充分发酵。再过10~15天,泡沫会减少,有甜香味。

(3)使用方法 用原液 + 生水(1∶1混合);或稀释400~1 500倍,作叶面肥施用。

(4)使用效果 可以增加糖度,促进生长(包括营养生长和生殖生长),使叶片变厚,增强抗病能力。

6. 辣椒白酒液

(1)材 料 辣的辣椒粉末2千克,白酒(30%)4升,10升水缸1口,红糖1升,绿洲酵素4号1千克。

(2)制作方法 彻底消毒水缸,把材料倒在水缸内搅拌。在夏季,过20~30天;在冬季,过40~50天,可以完成发酵制作过程。

(3)使用方法 在雨季或低温、高温时期使用效果更佳。施叶面肥:水20升+辣椒白酒液50毫升+木醋液50毫升,相隔3~5天,喷布2~3次。

(4)使用效果 对忌避和预防蚜虫、红蜘蛛及刺吸式口器害虫,效果很好。可预防白粉病和灰霉病等各种病害。

7. 活性复合液肥

(1) **材　料**　铁锅 1 口(容量 40 升),复合肥料 10 千克,红糖 5 千克,豆浆 2 升,绿洲酵素(4 号)1 千克,地下水 30 升,水缸 1 口。

(2) **制作方法**　在铁锅里倒入水,放进复合肥、红糖和豆浆之后,煮 1 小时左右。当材料煮后温度降到 40℃时,再倒进水缸,放入绿洲酵素后再搅拌。每天搅拌一次。夏季过 10～15 天,冬季过 20～30 天,就可结束发酵。

(3) **使用方法**　灌注土壤时每 667 平方米的用量为:水 1 立方米＋活性复合液肥 2 升 ＋ 木醋液 1 升;作叶面肥时:水 20 升 ＋活性复合液肥 50～60 毫升 ＋ 木醋液 30 毫升。

(4) **使用效果**　施用后桃树可吸收所需的多量元素、微量元素,增强抗病力和抗逆力;预防土壤病害;活化有益细菌;增加抗病虫害物质的分泌量;分泌激素防治病虫害。由于是通过加热分解的速成发酵,所以,几乎对植物没有危害。从生育初期到收获末期,能均衡的提供养分;用低廉的费用解除盐类、酸性和有害气体危害。

8. 植物本体组织液肥

(1) **材　料**　农产品的副产品 100 千克。如桃树进行疏果时疏掉的小果和残次果,以及黄瓜与番茄的新梢等;红糖 10 千克;绿洲酵素(4 号)2 千克;水 20～30 升;水缸或是塑料桶(400 升专用)1 个;麻袋 10 条。

(2) **制作方法**　把消毒的水缸放在背阴处。把材料切成小块,装入麻袋,每袋装 10 千克。把装料袋堆放在水缸里。在 20 升的水里放进酵素和红糖,再搅拌 10 分钟。把酵素水倒进水缸里,用塑料膜盖上,用绳子绑上。发酵结束时,果肉会烂掉,只剩渣子。

(3)使用方法 作叶面肥时:水 20 升 + 50～100 毫升液肥;灌注土壤时,每 667 平方米土壤 10～15 升(原液对水使用);长期施用时:投入绿洲酵素 1 千克之后再搅拌。

(4)使用效果 因为是天然营养剂,所以没有副作用。过量使用也没多大的浓度障碍。植物所需的营养成分多含在其本体组织里。土施液肥能使土壤微生物繁殖旺盛,不但能促进光合作用,还可以改善土壤的物理性状。

9. 鲜鱼氨基酸液肥

沿海地区可就地取材,配制鲜鱼氨基酸液肥。

(1)材　料 海鲜或淡水鱼 300 千克,也可使用鲜鱼内脏、猪头或动物的内脏等材料,绿水洲酵素 4 号 3 千克,红糖 10 千克,600 升容量水缸 1 口,水。

(2)制作方法 如用海鲜,为了消除海水影响,可用淡水冲洗 1～2 次。将海鲜切成小块,尽量除掉油脂。将酵素和红糖一起混合。把鲜鱼材料堆在水缸里,每堆 10 厘米厚撒一层酵素和红糖。加满干净的地下水,用塑料膜覆盖 2～3 层,再用绳子绑上。发酵 6 个月后,结束发酵。这时缸内液体有臭味,呈酱油颜色。液面会有油脂,需要捞出。最后,撒白石粉末吸收微细的油脂。

(3)使用方法 作叶面肥时:水 20 升+ 80～100 毫升鲜鱼氨基酸液。灌注土壤时:每 667 平方米用鲜鱼氨基酸液肥 5 升,对水稀释使用。

(4)使用效果 因为有鲜鱼的腥味,故能防止害虫和害鸟的侵害。高浓度的氨基酸会促进植物的生长。灌注土壤时,会防止田鼠的接近。叶菜类的收获量会增多。植物的叶片会变厚。提高水果的糖度。水果肉质会变得致密,并促进果实着色,增加果实光洁度。还能提高水果的贮藏性和糖度。

注意:在花期禁止施用鲜鱼氨基酸液肥。

10. 果实液肥

疏除的畸形果,或落果、残次果,对于有机农业来说,这些都是可以用来制造植物液肥的高级原料。各种果蔬里都含有多种多样的营养成分,只要灵活使用,就有比化肥更好的效果。

(1)材　料　各种水果或果菜类 300 千克,水缸(容量600 升)1 口,红糖 5 千克,绿洲酵素(4 号)3 千克,水 20 升。

(2)制作方法　将消毒好的水缸放在背阴处。粉碎各种水果。将红糖和酵素混合在一起。把碎水果放进水缸,每放10 厘米厚时,撒一层酵素。放满水果之后,再加水 20 升。用塑料膜密封缸口。结束发酵后,水果的渣子会浮在水面。

(3)使用方法　作叶面肥时:水 20 升 + 液肥 50～100 毫升。作灌注土壤时:每 667 平方米土壤用液肥 10～15 升,对水使用。

(4)使用效果　果实液肥属天然的营养剂,没有副作用。含有多种营养成分,能促进营养生长和生殖生长。使植物的叶片变厚,光亮。还可以防止早期落叶,提高水果糖度。增加水果的贮藏性。促进水果的增大。减少生产费用。

11. 药草液肥

(1)材　料　黄桂、莲根、堂贵、生姜和洋葱等 100 千克,白糖 5 千克,绿洲酵素(4 号)3 千克,水缸 1 口,地下水 10 升。

(2)制作方法　将以上材料洗净后粉碎成小块。拌和白糖和酵素。把材料放进水缸,每放 10 厘米厚时撒一层酵素和白糖等材料。放完材料之后倒水,用塑料膜密封水缸口。夏季发酵 3 个月以上,冬季发酵 6 个月以上。

(3)使用方法　作叶面肥时:用水 20 升+50 ～100 毫升

液肥,上午 10 时以前喷施。

(4)使用效果 因液肥含有多种营养成分,故可促进植物生长。有特殊的香味,可防治害虫。农产品的味道和香味很浓。使叶片增厚。水果的肉质会变好,增强贮藏性。可减少农药的使用次数。因为是植物性营养剂,故使用安全。

12. 高氮素液肥

(1)材 料 氮素含量高的材料 300 千克,如豆科植物大豆与丁香花的叶子;红糖 10 千克;绿洲酵素(4 号)3 千克;地下水 600 升,专用水缸 1 口。

(2)制作方法 把含氮的材料粉碎成小块。均匀拌和红糖和酵素。清洁水缸,在其中每放入一层 10 厘米厚的材料,便撒施部分拌和好的红糖和酵素。放完之后,用石头压住,加满地下水,用塑料膜密封水缸口。发酵 2~4 个月。

(3)使用方法 作叶面肥时:水 20 升+ 50~100 毫升液肥。灌注土壤:每 667 平方米用 10~15 升液肥,对地下水使用。

(4)使用效果 因为是天然材料,所以没有副作用。由于氮的含量高,故可以促进营养生长,促进早期生长。植物的叶片颜色会变为深绿色;对衰弱树使用时效果很好。可减少化肥的使用量。果树收获后施用,可以防止冻害。加强果树对病虫害的抵抗力和免疫力。

13. 增加植物抵抗力和免疫力的液肥

(1)材 料 植物性材料 200 千克,如艾蒿、松叶、薄荷、蒲公英、蒜、生姜、银杏叶、侧柏树叶和野芝麻叶等;红糖 5 千克;绿洲酵素(4 号)3 千克;地下水灌满为止;600 升容量的水缸 1 口。

(2)制作方法 将水缸清洗消毒之后放阴凉处。把植物材料切成小块,搅拌均匀,放在水缸里,每 10 厘米厚时,撒入红糖和酵素。装满后倒进水,用布盖上,再用绳子绑好。发酵时间,夏季为 1～2 个月,冬季为 3～4 个月。发酵结束后,表面会产生白霉菌,而且有香味。捞出渣子,把原液放在阴凉处备用。

(3)使用方法　作叶面肥时:水 20 升＋ 50～80 毫升液肥。灌注土壤时:每 667 平方米使用液肥 5～10 升,对水使用。

(4)使用效果　因其原料为天然材料,故对果实和人体安全无害。可促进植物营养生长和生殖生长。有防治害虫的效果。能加强对病害的抵抗力。促进有益微生物繁殖,促进植株叶片加厚。延长植物生长期。

14. 微量元素液肥

(1)材　料　海藻类 100 千克,如莼菜、紫菜、裙带菜、海带、石花菜和刺松藻等;红糖 5 千克;绿洲酵素(4 号)3 千克;水缸 1 口,地下水 10 升。

(2)制作方法　对水缸消毒。把海藻切成小块。掺和好红糖和酵素。把海藻放进水缸里,每层厚 10 厘米,再在上面撒布红糖和酵素,直至将缸装满。然后加地下水,灌满为止。用塑料膜密封水缸口。发酵时间,夏季为 2 个月,冬季为 3～4 个月。

(3)使用方法　作叶面肥时:水 20 升 ＋ 30～50 毫升液肥。灌注土壤时:每 667 平方米施用液肥 3～5 升,对水使用。

(4)使用效果　成品是很好的微量元素液肥,能提高植株的抗病性。促进植株的生长。对受到天灾破坏的植株,可起恢复作用。能防止植株的徒长,可使叶片变厚,提高果实糖度,香味好。可增强运输性和贮藏性。

15. 各种制肥物料的营养成分

制造天然营养液,必须选择适当的物料,而要合理地选择物料,就要了解各种物料的营养成分,从而使所制造的天然营养液,能更好地符合桃树生长结果的需要。各类物料的营养成分分别如下:

(1)叶菜类的营养成分 叶菜类的营养成分,如表5-4所示。

表5-4 不同叶菜类的营养成分 （鲜菜量100克）

种 类	能 量（千焦）	水 分（%）	灰 分（克）	钙（毫克）	磷（毫克）	铁（毫克）	钠（毫克）	钾（毫克）	锌（毫克）
雪 菜	108.80	89.90	1.40	141.00	51.00	2.60	29.00	423.00	1.05
水 芹	66.90	93.00	1.10	24.00	45.00	2.00	18.00	412.00	0.26
白 菜	50.20	95.20	0.50	38.00	45.00	0.40	8.00	210.00	0.18
生 菜	75.30	93.00	1.20	56.00	36.00	2.10	5.00	238.00	0.22
菠 菜	125.50	89.40	1.00	40.00	29.00	2.60	54.00	502.00	0.50
茼 蒿	79.50	91.60	1.70	94.00	43.00	1.90	58.00	449.00	0.18
洋白菜	129.70	90.60	0.60	38.00	26.00	0.4	5.00	222.00	0.16
芹 菜	50.20	94.80	0.60	56.00	35.00	0.20	25.00	310.00	0.30
艾 草	75.30	88.50	2.20	119.00	96.00	6.00	10.00	765.00	0.44
根 带	71.10	92.50	1.60	87.00	47.00	2.40	151.00	382.00	0.50
露 葵	83.70	91.60	1.60	94.00	66.00	2.00	35.00	546.00	0.56
韭 菜	129.70	89.80	0.60	34.00	27.00	2.90	36.00	480.00	0.34
大 葱	108.80	91.10	0.60	81.00	35.00	1.00	1.00	186.00	0.35
蕨 菜	163.20	88.00	1.00	14.00	84.00	1.50	1.00	415.00	0.44
竹 笋	54.40	93.00	1.10	14.00	77.00	1.10	8.00	518.00	1.10

(2)果菜类的营养成分 果菜类的营养成分如表5-5所示。

表 5-5　不同果菜类的营养成分　（果菜量 100 克）

种　类	能　量（千焦）	水　分（%）	灰　分（克）	钙（毫克）	磷（毫克）	铁（毫克）	钠（毫克）	钾（毫克）	锌（毫克）
茄　子	66.90	94.20	0.40	18.00	29.00	0.20	3.00	210.00	0.30
熟辣椒	163.20	84.60	0.80	16.00	56.00	0.90	12.00	284.00	0.12
番茄	58.60	95.20	0.50	9.00	19.00	0.30	3.00	178.00	0.20
柿子椒	71.10	94.00	0.40	10.00	22.00	0.50	3.00	210.00	0.12
冬　瓜	54.40	96.00	0.40	16.00	15.00	0.20	1.00	170.00	0.61
黄　瓜	37.70	96.30	0.50	20.00	29.00	0.30	6.00	165.00	0.20
南　瓜	100.40	95.20	5.00	15.50	23.00	0.70	2.00	365.00	0.20

（3）根菜类的营养成分　各类根菜的营养成分，如表 5-6 所示。

表 5-6　不同根菜类的营养成分　（根菜量 100 克）

种　类	能　量（千焦）	水　分（%）	灰　分（克）	钙（毫克）	磷（毫克）	铁（毫克）	钠（毫克）	钾（毫克）	锌（毫克）
蒜	502.10	64.00	1.60	14.00	199.00	1.00	5.00	652.00	0.90
洋　葱	146.40	90.00	0.40	15.00	34.00	0.30	5.00	141.00	0.21
胡萝卜	142.30	89.60	0.60	38.00	37.00	0.70	29.00	362.00	0.15
萝　卜	75.30	94.30	0.40	26.00	23.00	0.70	13.00	213.00	0.12
生　姜	221.80	83.30	1.10	13.00	28.00	0.80	5.00	344.00	0.40
藕　根	280.30	80.20	1.20	22.00	67.00	0.70	36.00	377.00	0.16
牛　蒡	259.40	80.90	1.10	56.00	68.00	0.80	5.00	361.00	0.27
沙　参	230.10	82.90	0.70	24.00	102.00	2.00	7.00	203.00	0.16
桔　梗	347.30	75.60	0.90	39.00	34.00	2.20	10.00	460.00	0.16

(4)块根类的营养成分 不同作物的块根,所含营养成分各不相同,用以制作的天然营养液,对桃树生长发育的促进作用也各不一样。制作营养液时,应根据实际需要,选择适当种类的块根。几类主要块根所含的营养成分,如表5-7所示。

表5-7 不同块根类的营养成分 (块根量100克)

种 类	能 量 (千焦)	水 分 (%)	蛋白质 (克)	糖度 (%)	灰分 (克)	钙 (毫克)	磷 (毫克)	铁 (毫克)	钠 (毫克)	钾 (毫克)	锌 (毫克)
马铃薯	230.1	84.4	2.0	11.6	0.8	6.0	51.0	0.8	3.0	396.0	0.41
红 薯	535.6	66.3	1.4	30.3	0.9	24.0	54.0	0.5	15.0	429.0	0.27
芋 头	167.4	88.1	2.3	7.8	0.9	18.0	46.0	0.6	50.0	369.0	5.20
魔 芋	37.7	97.3	0.1	2.2	0.9	43.0	5.0	0.4	10.0	60.0	12.21
山 芋	338.9	77.6	2.3	18.0	1.2	18.0	34.0	0.3	3.0	500.0	0.50

(5)豆类的营养成分 几种主要豆的营养成分,如表5-8所示。

表5-8 不同豆类的营养成分 (干豆量100克)

种 类	能 量 (千焦)	水 分 (%)	蛋白质 (克)	糖度 (%)	灰分 (克)	钙 (毫克)	磷 (毫克)	铁 (毫克)	钠 (毫克)	钾 (毫克)	锌 (毫克)
大 豆	1728.0	129.0	41.8	18.8	4.0	213.0	510.0	7.5	5.0	1260.0	2.70
干菜豆	1439.3	10.30	20.2	60.9	3.6	92.0	317.0	6.7	1.0	1500.0	2.79
绿 豆	1401.6	10.90	22.3	57.4	3.3	100.0	335.0	5.5	2.0	1323.0	2.49
东 豆	1393.3	11.50	22.2	58.6	3.9	121.0	381.0	4.8	2.0	1573.0	3.37
豌 豆	1472.8	13.40	21.7	54.4	2.2	65.0	360.0	5.0	1.0	870.0	2.95
蚕 豆	1456.0	13.30	26.0	50.1	2.8	100.0	440.0	5.7	1.0	1100.0	3.14
红 豆	1305.4	13.40	21.1	55.8	4.0	128.0	424.0	5.2	2.0	1520.0	4.99

(6)水果类的营养成分 常见水果所含的营养成分,如表5-9所示。

表 5-9　不同水果类的营养成分　（水果量 100 克）

种类	能量(千焦)	水分(%)	蛋白质(克)	糖度(%)	灰分(克)	钙(毫克)	磷(毫克)	铁(毫克)	钠(毫克)	钾(毫克)	锌(毫克)
柿子	184.10	80.90	0.50	11.40	0.40	8.00	18.00	0.30	2.00	149.00	0.11
蜜橘	159.00	89.00	0.80	9.40	0.30	14.00	11.00	0.40	5.00	168.00	0.24
棉桃	242.70	86.00	0.70	10.00	0.40	23.00	17.00	0.20	1.00	171.00	0.14
大枣	425.10	69.50	3.20	24.80	0.80	25.00	55.00	1.00	2.00	374.00	0.05
草莓	113.00	92.20	0.90	4.30	0.50	13.00	17.00	0.40	1.00	170.00	0.10
梅子	121.30	90.50	0.70	7.00	0.50	7.00	19.00	0.60	4.00	230.00	0.26
芒果	284.50	80.80	0.60	17.60	0.40	15.00	12.00	0.20	1.00	170.00	0.10
白兰瓜	159.00	88.20	1.40	9.10	0.80	0.70	43.00	0.50	13.10	374.00	0.07
木瓜	255.20	78.30	0.70	15.40	0.60	21.00	18.00	0.40	2.00	247.00	0.15
无花果	179.90	87.70	0.60	10.40	0.60	26.00	16.00	0.30	5.00	191.00	0.15
香蕉	389.10	73.40	1.20	24.10	0.80	7.00	21.00	0.60	2.00	335.00	0.20
梨	163.20	88.40	0.30	10.30	0.20	2.00	9.00	0.40	3.00	171.00	0.10
樱桃	251.00	82.90	1.20	14.80	0.60	18.00	28.00	0.60	2.00	244.00	0.10
桃	142.30	89.90	0.90	8.20	0.40	3.00	17.00	0.50	2.00	133.00	0.14
枇杷	184.10	88.10	0.40	9.60	0.40	4.00	18.00	1.40	1.00	119.00	0.13
杏	117.20	91.40	0.90	6.50	0.40	5.00	14.00	0.50	1.00	160.00	0.12
石榴	280.30	81.00	0.60	16.80	0.60	8.00	15.00	0.10	2.00	260.00	0.40
桑葚	209.20	84.20	2.60	9.30	0.30	45.00	45.00	2.30	16.00	284.00	0.15
柚子	200.80	85.80	0.70	10.50	0.60	49.00	15.00	0.40	11.00	194.00	0.06
李子	142.30	90.30	0.60	8.40	0.30	4.00	13.00	0.30	2.00	146.00	0.10
菠萝	96.20	92.90	0.40	5.90	0.30	10.00	9.00	0.40	5.00	107.00	0.08
葡萄	234.30	84.00	0.50	14.90	0.30	6.00	14.00	0.40	5.00	173.00	0.05

（7）鱼类的营养成分　一些鱼类的营养成分,如表 5-10
所示。

表 5-10　不同鱼类的营养成分　（鱼量 100 克）

种　类	量　源 (千焦)	水　分 (%)	蛋白质 (克)	糖度 (%)	灰分 (克)	钙 (毫克)	磷 (毫克)	铁 (毫克)	钠 (毫克)	钾 (毫克)	锌 (毫克)
乌　鱼	405.90	78.50	21.60	0.00	2.00	227.00	567.00	0.80	254.00	110.00	0.44
鳌　虾	539.70	72.30	22.10	0.30	1.60	40.00	196.00	0.90	230.00	377.00	0.48
刀　鱼	606.70	73.10	18.00	0.10	1.30	16.00	189.00	0.50	141.00	268.00	0.37
青花鱼	1133.90	58.60	19.40	0.20	1.00	24.00	201.00	1.20	64.00	259.00	0.75
秋刀鱼	1096.20	59.00	20.20	0.10	1.30	44.00	208.00	1.50	96.00	295.00	0.74
偏口鱼	431.00	76.00	20.40	0.30	1.30	53.00	199.00	1.60	160.00	420.00	0.32
鲈　鱼	556.50	73.30	20.30	0.10	1.20	28.00	231.00	1.50	97.00	272.00	0.40
鲇　鱼	711.30	70.50	18.10	0.10	1.10	21.00	217.00	0.60	43.00	296.00	0.60
海　鳗	477.00	74.80	17.70	0.10	3.20	509.00	421.00	2.90	240.00	370.00	1.63
明太鱼	410.00	77.30	19.70	0.10	1.40	38.00	210.00	0.50	160.00	308.00	0.30
泥　鳅	447.70	77.30	15.60	0.60	2.30	780.00	645.00	2.90	74.00	306.00	1.70
鲥　鱼	690.40	69.50	21.00	0.30	1.20	7.00	144.00	0.60	37.00	410.00	0.64
金　鱼	418.40	77.10	19.60	0.20	1.40	79.00	180.00	1.80	35.00	414.00	3.80
鳗　鱼	933.00	67.10	14.40	0.30	1.10	157.00	193.00	1.60	65.00	250.00	1.90
冰　鱼	510.50	75.70	16.50	0.10	2.10	720.00	197.00	0.60	74.00	346.00	3.80
洋秦鱼	447.70	76.40	19.80	0.10	1.30	91.00	226.00	2.10	80.00	250.00	0.59
鲤　鱼	489.50	76.20	18.10	0.10	1.20	130.00	130.00	1.20	47.00	374.00	1.10
鲸　鱼	853.50	66.90	17.10	0.10	1.40	110.00	274.00	1.50	132.00	323.00	0.68
撒丁鱼	715.50	69.20	20.00	0.10	1.50	94.00	234.00	1.60	95.00	440.00	1.30
黄花鱼	577.40	72.70	19.20	0.10	1.80	77.00	196.00	0.90	373.00	254.00	0.25
鱿　鱼	364.00	79.00	18.20	0.10	1.70	17.00	240.00	0.30	282.00	332.00	1.30
蛤　蜊	309.60	79.90	11.70	3.60	3.80	161.00	133.00	11.90	214.00	199.00	2.50
螃　蟹	510.50	75.00	17.90	0.10	2.00	76.00	221.00	1.00	348.00	311.00	1.40
虾　子	389.10	78.10	18.90	0.20	1.50	69.00	248.00	1.30	150.00	298.00	1.56
海　胆	648.50	71.50	15.80	2.00	2.20		196.00	4.00	190.00	490.00	1.09

(8)海藻类的营养成分　一些海藻的营养成分,如表5-11所示。

表5-11　不同海藻类的营养成分　(海藻量100克)

种类	能量(千焦)	水分(%)	蛋白质(克)	糖度(%)	灰分(克)	钙(毫克)	磷(毫克)	铁(毫克)	钠(毫克)	钾(毫克)	锌(毫克)
甘紫菜	1054.40	11.40	38.60	38.60	8.60	325.00	762.00	17.60	1294.00	3503.00	5.10
海 带	79.50	91.00	1.10	3.60	3.50	103.00	23.00	2.40	554.00	1242.00	2.52
裙带菜	75.30	90.30	1.90	2.90	4.30	92.00	40.00	1.50	822.00	1005.00	0.10
石花菜	372.40	70.30	4.20	18.50	3.80	183.00	47.00	3.90	160.00	980.00	12.21
青椒菜	37.70	94.70	0.40	1.70	2.80	71.00	7.00	6.60	538.00	69.00	0.10
cruller	126.80	10.30	45.30	34.70	11.50	117.00	1536.00	73.40	4412.70	5280.70	7.73
绿微菜	100.40	88.60	1.30	5.10	4.10	88.00	32.00	1.40	228.00	1293.00	0.29
莼 菜	79.50	89.50	3.10	1.90	4.30	85.00	43.00	7.80	635.00	678.00	2.60

(9)各种有机物主要营养成分　人们常见有机物的主要营养成分,如表5-12所示。

表5-12　各种有机物的营养成分　(单位:%)

种类	水分	有机质	氮	磷	钾
完熟堆肥	74.00	9.20	0.50	0.20	0.50
速成堆肥	84.20	8.80	0.48	0.18	0.47
污秽堆肥	50.30	8.40	0.51	0.34	0.42
人　粪	92.30	3.40	0.57	0.13	0.22
人　尿	96.42	1.60	0.50	0.05	0.27
狗　粪	85.00	25.00	0.87	2.18	1.68
牛　粪	83.50	14.60	0.40	0.20	0.30
马　粪	76.00	21.00	0.55	0.30	0.40
猪　粪	82.00	15.00	0.40	0.25	0.30

种 类	水 分	有机质	氮	磷	钾
兔 粪	64.50	23.50	2.57	0.78	1.78
鸡 粪	56.00	20.50	2.70	1.74	1.60
鸭子粪	58.00	20.00	1.00	1.40	0.62
鸽子粪	51.00	30.80	1.76	1.88	1.00
蚕 粪	56.80	30.50	8.45	1.25	0.59
牛粪尿	77.50	20.30	0.34	0.16	0.45
马粪尿	71.30	25.40	0.58	0.28	0.53
猪粪尿	72.40	25.50	0.45	0.19	0.60
羊粪尿	64.40	31.80	0.83	0.23	0.76
米 糠	11.30	76.20	1.58	2.88	1.06
小麦皮	13.10	80.50	2.24	2.37	1.53
麦 糠	12.50	74.50	2.03	1.03	
菜种瓜	11.30	80.00	5.45	1.60	1.08
大头瓜	12.10	77.00	6.82	1.62	2.27
胡麻瓜	15.00	76.00	5.05	1.50	1.05
檩子瓜	14.50	74.20	4.90	1.30	1.10
辣椒瓜	15.00	69.00	3.00	1.02	2.28
棉实油	13.00	76.00	6.21	2.50	
蚕油瓜	56.50	27.50	2.32	0.38	1.68
豆腐瓜	85.00	13.80	0.68	0.12	0.42
酒 瓜	59.00	37.40	2.89	0.27	0.17
撒丁瓜			9.73	4.76	0.07
大头瓜			7.78	8.25	0.40
刀鱼瓜			9.19	3.99	

种 类	水 分	有机质	氮	磷	钾
内脏瓜			9.80	3.99	
干 鱼			8.74	1.10	
干 虾			7.44	3.42	
牡蛎壳			0.18	0.20	
毛 发			2.65	3.10	1.54
骨 粉			3.66	21.43	
野芝麻秆			0.64	0.38	2.01
辣椒秆			1.07	0.51	3.47
小米糠			0.82	0.23	1.79
玉米秆			0.91	0.64	9.06
豆 秆			0.78	0.57	2.40
红薯梗			1.24	0.50	2.34
马铃薯梗			1.66	0.58	4.50
黄瓜梗			0.54	0.82	2.53
野柞树			0.94	0.67	1.98
野鸭树			0.39	0.03	0.72
橡子树			0.76	0.19	0.45
胡枝子			0.31	0.23	1.93
白杨树叶			2.50	0.67	3.03
洋槐树叶			1.48	0.82	0.91
松 叶			0.19	0.24	0.67

三、桃园水分管理

(一)灌 水

1. 灌水时期

桃树的灌水时期,是根据其树体生物学特性而确定的。

其适宜的灌水时期如下：

(1)萌芽前 此时灌水,其目的在于保证桃树萌芽、开花、展叶和早春新梢生长,扩大枝叶面积,提高坐果率。此次灌水量要大。

(2)开花前 在我国北方地区,春季气候干燥,蒸发量大。开花前,桃园需要灌水,以使花期有足够的水分供应。

(3)硬核期 此时灌水,主要作用在于保证果实发育、新梢生长及提高叶片的光合能力。灌水量应适中,不宜太多。

(4)果实成熟前 有些产区在桃成熟前往往出现干热天气,影响果实生长,所以在果实成熟前 20～30 天,进入快速生长期时,应适量灌水,以使果实发育良好,果个大,品质好。灌水与否以及灌水量,视降雨情况而定。这次灌水量也要适中,灌水过多会降低果实风味,有时还会造成裂果、裂核现象。

(5)入冻前 北方地区秋季干旱桃园,在入冬前适量灌水,有利于树体养分的积累,对第二年桃树的生长和结果有利。灌冻水的时期,必须以水可以渗下为准。存水结冰对桃树生长不利。灌水的时间,应掌握以水在桃园田间能完全渗透下去,而不在地表结冰为宜。

2. 灌水方法

灌水方法直接关系到灌水效果和经济效益,应根据当地的水源、能源及经济状况等确定灌水方法。

(1)喷 灌 能均匀喷水,与地面灌水比较,它可节水 30%～50%;与砂地果园地面灌水相比,可节水 60%～70%。喷灌可保土、保肥,减少土壤流失,不使土壤板结。喷灌还可以改变果园小气候,避免低温、干热对桃树的伤害。喷灌还具有节省劳力、经济利用土地和便于机械耕作等优点。但风大的地区不宜使用。

（2）滴　灌　通过滴头直接把水送到果树根部,既可减少灌水过程中的水分损失,又可避免土壤板结。除具有喷灌的优点外,还能保持植物根部适宜的水分,有利于果树的生长发育和产量的提高。

（3）地面灌溉　地面灌水,分为大水漫灌和畦灌。其优点是:灌水量足,有利于果树根系的吸收,每灌一次水能维持较长的时间,但用水量大。也因要修筑水渠而较浪费土地,水源充足的地区,可以使用这种方法。

（二）排　水

桃树耐湿性差,雨水多或地下水位过高的地区,均要有排水设施。即使在我国气候干燥的地方,雨季也需要排水。

山地排水,要沿等高线挖沟,按栽树的距离,每行挖一条排水沟。

平地桃园地下水位在 1 米左右,其排水沟设置应每一行或每两行一条。如果土壤黏重,雨季容易积水时,可采用行间低、植株位置高的高畦栽植方法排水。

需要特别指出的是,砂地桃园的排水问题。一般认为,砂土渗水性强,不易积水,但砂地积水有时表面看不出来,雨季土壤水分常达饱和状态。在这种情况下,桃树最容易被淹死,更需加以防止。

第六章　桃树标准化整形修剪技术

整形，是根据果树的生物学特性，结合在一定自然条件下的栽培制度和管理技术，通过修剪与变向整形，使果树在一定空间范围内，形成有较大光合面积，能负担较高产量，便于管理的合理树形和树体结构。

修剪，是根据桃树生长、结果的需要，用以改善光照条件、调节营养分配、转化枝类组成、促进或控制生长、发育的手段。通过合理的修剪才能达到整形的目的，而修剪又是在确定一定树形的基础上进行的。所以，桃树的整形和修剪具有密切的连带关系。

桃树一般由主干、主枝、侧枝、辅养枝、结果枝组和结果枝等组成。现代生产优质桃果的桃树，一般树体不配备侧枝，只在主枝上配备和培养大型（长度为 1 米左右）的结果枝组。

在过去的桃果生产中，存在着栽植密度大、骨干大枝过多和遮光大枝发生严重的现象；再加上修剪不当，日常管理的疏忽，造成了树体通风透光不良，给病虫害的防治和提高果实品质带来了极大的困难。为了解决优质桃果生产上的实际问题，现代优质桃果生产要对密植园、骨干大枝过多而遮光严重的桃园或单株，采取树体结构调整技术。

桃树的树体结构调整，实际上是对盛果期桃树的再一次整形；是对栽植密度高、群体郁闭的桃园，从整体上确定扩展株与控制株，让控制株给扩展株让路。凡是影响到扩展株发展的控制株，要人为地使其变小或间伐；对于骨干大枝较多的单株，首先要去掉遮光严重的株间大枝、着光差的下层枝和过密枝。调整后,相邻骨干大枝间距 2 米左右,最小不低于 1.5 米;采取拉枝或换头的方法,将骨干枝角度调整到 45°～50°。最好株间不留大型骨干枝。

对桃树的树体结构进行调整和修剪,培养出合理的树形,可以使树体矮化,枝条配备合理,做到立体结果,避免结果部位外移等,并且有利于进行管理作业,如花果管理、喷施农药、果实采摘等。还能控制幼树的枝条旺长,促其早结果。对于盛果期的桃树,具有调节生长与结果的矛盾,提高果实产量与品质的作用。

桃树对光照极为敏感。光照是影响产量和果实品质的重要元素。树体受光条件好,果实个大,色泽鲜艳,含糖量高,香味浓,硬度大,品质佳。因此,调整好桃树的树体通风透光条件,在优质桃果生产上非常重要。

一、整形修剪的原则

生产优质桃果的桃园,在桃树整形修剪上,要因树整形修剪、随枝作形,把桃树调整成合理的树形,有利于实现桃果的高产和优质;要做到主从分明,树势均衡,保证各主枝及大型结果枝组间的良好从属关系,这是维持良好树形和合理树体结构的保证。一定要做到密植不密枝,密株不密行,枝量合理,枝枝见光。只有这样才能保证有健壮的结果枝,才能结出优质的桃果。

(一)按品种特性进行整形修剪

1. 按品种特性进行冬季修剪

实验证明,在严冬时期修剪的桃树,比次年早春时期修剪的桃树,更容易发生冬枯病菌感染和流胶症。所以,在寒冷地区或冬天相对寒冷的年度,对桃树进行冬季修剪时,应避开严冬时期。

第一,对于树形开张,易造成平面结果,树势衰弱的品种,冬季整形修剪时,要注意选择方位好、角度小的三大主枝。已结果的,要开张树形,充分利用直立的徒长枝换头,抬高主侧枝角度,提高树势。

第二,对于无花粉或自然坐果率较低的品种,为了提高坐果率,冬剪时必须尽可能多留结果枝,使树体冬剪后看起来"大枝亮堂堂,小枝闹嚷嚷"。

第三,对于坐果率高的完全花品种,为了减少营养消耗,冬剪要遵循"留够花芽,以果定枝"的原则;在中长果枝够用的情况下,将花簇状果枝和短果枝剪除,使中长果枝留够花芽,做到枝枝短截。

第四,对于果梗短,幼树生长旺盛,中长果枝坐果差,所结果实果个小的品种,冬季修剪时,要尽可能地多留细弱结果枝,少留强旺结果枝。

2. 按品种特性进行夏季修剪

夏季修剪的总原则是:动当年生新梢,不动多年生枝;动小枝,不动大枝;一次少量多次修剪。内膛和背上徒长枝不能一次去光,以免骨干枝背上和果实日烧。对不同品种桃树进行夏季修剪的原则是:

第一,对于早熟品种,每年进行2～3次夏剪。

第二,对于中晚熟品种,每年进行3～5次夏剪。

第三,对于树势开张、容易转弱的品种,进行夏剪时要注意保留主侧枝中部直立徒长枝,以便用于更换抬头,改为利用原主侧枝延长头作为背下侧枝或大的结果枝组。

第四,对于树势直立强旺的品种,夏剪延长头时,要去直留斜,去强留弱,去背上留背下,并且多留 1～2 个新梢,以供冬剪时选择。

(二)按生长特点进行整形修剪

1. 根据桃树喜光性强、干性弱的特点进行修剪

桃树在系统发育过程中,形成了喜光特性。不经整形修剪的自然生长桃树,枝条密集,光照不良,树冠内枝条易枯死,结果部位外移快。若经整形修剪,使枝条分布合理,就可创造良好的通风透光条件,有利于树体的生长发育和开花结果。另外,短日照或遮光,会延迟桃树的花芽分化和花芽发育。如肥城桃在花芽分化前 1 个月,每日必须平均日照 7 小时左右,才能正常进行花芽分化。所以,必须通过整形修剪,保证桃树枝叶有充足的阳光照射。

桃树中心枝生长弱。自然生长的桃树,它的树冠多成偏圆形或圆头形,阳光不易照进树冠的内膛。因此,对它宜进行人工整形修剪,使之形成开心形树体,使阳光能照进树冠内膛,以适应它的喜光特性。

2. 根据桃树生长势旺盛,分枝多的特点进行修剪

桃树生长势旺盛,主要表现在生长量大和分枝量多。如幼树的发育枝在一年内,可长达 1.5～2 米,粗达 2～3 厘米。在一个生长季节内,可发 2～3 次枝。如进行摘心,则分枝更多,常使树冠郁闭,影响光照。对于受光不良的桃树,必须及时疏枝和摘心。疏枝可以减小枝条密集程度;摘心可以改变枝条高度,增加枝条的曲折度,抑制其生长势。

3. 根据桃树分枝尖削量大的特点进行修剪

桃树枝条每发出一次枝条,使分枝点以上的母枝显著变

细。这种削减枝条先端加粗生长的量叫尖削量。桃树的尖削量比苹果树大。如在母枝背上萌发直立枝条,不加任何控制任其自然生长,对其母枝尖部削减量更大,一般为其着生点下部粗度的1/2左右。因此,在整形修剪时,要控制骨干枝上的分枝生长势,保证骨干枝的正常生长。

4. 根据桃树耐修剪性强的特点进行修剪

对桃树进行修剪,无论是修剪轻还是修剪重,都能成花。与苹果树比较,桃树的耐修剪能力是比较大的。但修剪过重,成花率相对减少。

桃树耐修剪能力的大小,也因品种和树势而异。如肥城桃和五月鲜等品种,树势生长旺盛。若再给予较重的修剪,会刺激其萌发出大量的旺长枝条,从而减少中、短枝数量,影响结果,造成产量下降。某些树冠开张形的品种,树势生长中庸,给予稍重的修剪,对产量影响不大。

5. 根据桃树伤锯口不易愈合的特点进行修剪

修剪必然造成伤口,伤锯口对附近枝条的生长量有一定的影响。桃树伤锯口的影响,不像苹果树那样影响大。一般情况下,可以不考虑其影响。但是,桃树修剪造成的剪锯口,常常愈合不良,伤口的木质部分易干枯死亡。因此,修剪时要求伤口小而平滑,并有计划地把伤口安排在枝条的下侧或背阴面;同时在伤口上涂保护剂,以利于尽快愈合。常用的保护剂有铅油、油漆和接蜡等。

6. 根据桃树桃芽萌芽率和成枝力均高的特点进行修剪

一般桃芽的萌芽率和成枝力均高,并在一年中能萌发多次副梢。这有利于整形。由于形成的枝条多,修剪时需疏枝,以利于通风透光。又因萌芽率高,潜伏芽相对少,并且寿命短,所以,盛果期后的多年生枝下部不萌发新枝而光秃。修剪时,应及时进行枝条更新复壮。

花芽的饱满程度,与母枝的强弱、花芽分化时间的长短有密切关系。母枝强壮,花芽分化时间充足,则花芽饱满,饱满的花芽开花结果也良好。适时进行摘心的新梢,能萌发出健壮的副梢,其花芽较饱满,可以利用其结果。

7. 根据桃树顶端优势的特点进行修剪

桃树枝条顶端先萌发的新梢,生长量大;中下部萌发的枝条,生长量小。这种现象叫顶端优势。桃树的顶端优势比苹果树弱,但经短截后同样表现出顶端优势的规律。在桃树主枝条顶部芽萌发的枝条,生长势最旺,分枝角度小;而下部芽萌发的枝条,生长势较弱,分枝角度大;近基部的芽不萌发,而成潜伏芽。在修剪中,应区别情况,对其顶端优势加以利用或控制。

二、桃树的适宜树形

(一)三主枝自然开心形

此树形是目前我国桃树整形修剪中应用的主要树形。它吸取了自然丛状形和杯状形的优点,克服了主枝易劈裂、结果平面化的缺点。这种树形符合桃树生长特性,树体健壮,寿命长,三主枝交错在主干上,与主干结合牢固,负载量大,不易劈裂。主枝斜向延伸,侧枝着生在主枝外侧,主从分明,结果枝分布均匀,树冠开心,光照条件好。骨干枝上有枝组遮荫,日烧病少。适宜肥沃土壤上桃树采用。

该树形干高 40～50 厘米,有三个势力均衡的主枝。主枝间距离 20 厘米左右,近似苹果树的三主枝邻近树形,基部角

度为 $50°\sim70°$。在主枝外侧各留一个侧枝,作为第一侧枝。在第一侧枝的对侧选留第二侧枝,使两侧枝上下交错分布,每个主枝留三个侧枝。在选留侧枝的同时,要注意多留枝组和结果枝(图 6-1)。

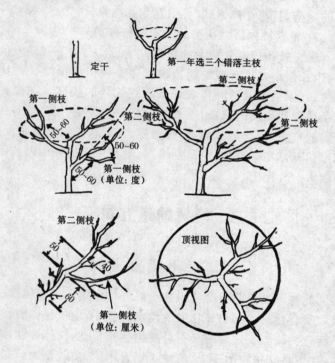

定干

第一年选三个错落主枝

第二侧枝

第一侧枝

第二侧枝

第二侧枝

50～60

第一侧枝

50～60

50～60

第一侧枝
(单位:度)

第二侧枝

50

40

60

第一侧枝
(单位:厘米)

顶视图

图 6-1　三主枝自然开心形

(二)两主枝自然开心形

全树只有两个主枝,配置在相反的位置上。每个主枝上有 3 个侧枝。在主枝和侧枝上配置枝组和结果枝(图 6-2)。

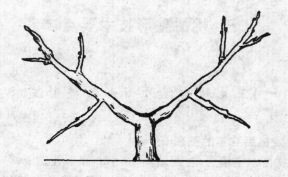

图 6-2　两主枝自然开心形

（三）改良杯状形

从自然杯状形改良而来。这种树形的标准是三股六杈，比自然杯状形主枝数目少，减少了顶端优势，有利于光照；增加了侧枝，树势均衡，产量增加。适用于大树冠和生长势强旺的品种（图 6-3）。

图 6-3　改良杯状形

三、桃树整形技术要点

(一)三主枝自然开心形的整形技术

1. 定植后当年的整形

桃树苗木定植后,在距地面50~60厘米处定干。定干高度,直立性强的品种,或土质贫瘠、风害严重地上的桃树,或株行距较小的桃树,定干可矮些;相反,树姿开张,土质肥沃,气候温暖多湿,风害较轻,植株稀植或作庭院栽培,定干可高些。剪口下20~30厘米处,要有良好的芽,以便作为整形带,在其上培养三大主枝。

当主干整形带的芽萌发,新梢长到20厘米时,选留4~6个壮梢,余者疏除。当新梢长到30厘米时,选留3个生长势均衡、向四周分布均匀的新梢,作为主枝培养,其余新梢可予摘心或剪截。对整形带下的萌发枝,可在早春一次性疏除。

在选留三大主枝的同时,要调整好主枝的角度和方向,方位角为120°,主枝的开张角度为35°~50°。3个主枝的开张角度不必一致。向北侧或向梯田壁生长的主枝,最好是顶端的第三主枝,因其所处的枝位高,本身生长势又较弱,可缩小该枝的开张角度,以增强生长势,其开张角度一般为40°~50°。向南侧或背梯田壁生长的主枝,最好为第一主枝,因其生长势较强,开张角度可加大至70°左右,这是由于它位于南侧的缘故。枝条又比较开张,有利于通风透光。第二主枝开张角度50°~60°。

定植当年冬季,主枝已定下来。冬剪时,对主枝要进行修剪,一般要剪去全长的1/3～1/2。如剪留的枝条长50厘米,剪口芽应留外芽,第二和第三芽均留在两侧。

对直立性强的品种,为使树冠开张,第二芽也应留外芽。可以抹芽使下部外侧芽成为第二芽,利用剪口下第一芽枝,把第二芽枝蹾向外侧。冬剪时把第一芽枝剪掉,留下蹾开的第二芽枝作主枝的延长枝,加大其开张角度,使树冠开张。

2. 定植后第二年的整形

春季或夏季,当主枝延长枝长到50厘米左右时,在30厘米处摘心,目的是促使萌发副梢,增加分枝级次。摘心后,萌发的顶芽要留外芽,以便于培养延长枝。摘心后,如副梢萌发过密,则应适当疏除。待留下的副梢长到40厘米长时,再行摘心,促使形成二级枝的副梢。

夏季当主枝延长枝长到50～60厘米时,再行摘心,在萌发的副梢中选择主枝的延长枝和第二侧枝。第二侧枝距第一侧枝40～60厘米,其方向与第一侧枝相反,向外侧斜生长,分枝角度为40°～50°。将余下的枝条长到30厘米长时再摘心,以促使形成花芽。

第二年冬季修剪时,对主枝延长枝应短截,剪去全长的1/3～1/2,留长为40～50厘米,同时选留侧枝。第一侧枝距主干为50～60厘米,侧枝与主枝的角度保持为50°～60°。在每个主枝上可选留1～2个结果枝。

3. 定植后第三年的整形

苗木定植两年后,生长势转旺,枝条生长量加大,冬剪时主枝的延长枝剪留长度比上年稍长,一般剪去全长的1/3～1/2,留长为60～70厘米。如果上年夏季未选出第二侧枝,冬剪时应选留第二侧枝。具体要求与上年夏剪用副梢培养侧枝相同,剪留长度比主枝剪留稍短。

对结果枝和结果枝组的修剪,要疏密,短截,促使分枝扩大枝组。结果枝要适当多留,使结果枝组紧凑。枝组的位置要安排适当。大型枝组不要在主、侧枝上的同一枝段上配置,以防尖削量过大,削弱主侧枝先端的生长势。

在防止骨干枝先端生长势衰弱的同时,要防止主枝顶端优势而引起的上强下弱,造成结果枝着生部位逐年上升的现象。解决的办法是,采用留剪口下第二芽或第三芽作主枝的延长枝,使主枝成折线式向外伸展,侧枝配置在主枝曲折向外凸出部位。这样,可以克服结果枝上移过快的缺点。

(二)两主枝自然开心形("Y"字形)的整形技术

这种树形适宜山地桃园和密植桃园采用,桃树栽植密度为每 667 平方米 55～100 株,特别适用于南方雨水多、光照少地区的桃园采用。此树形的特点是整形容易,主枝之间长势一致,树冠开张,通风透光良好。其培养方法有以下两种:

1. 利用副梢培养主枝

定植后不定干,将原中心干进行人工拉枝,使其倾斜 45°角,培养成第一主枝。夏季在其下方适当部位,选择粗度、方向合适的副梢,将其培养成第二主枝。

两主枝培养完成后,依靠其主枝的生长量和开张角度的调节,使其生长势均衡。侧枝的配置,一般在距地面约 80 厘米处培养第一侧枝,在距第一侧枝 40～60 厘米处培养第二侧枝,两个侧枝的方向要错开。主枝的开张角度,应与树冠中心垂直线成 45°角,侧枝的角度为 60°左右。

2. 定干后培养主枝

幼苗定植后,在距地面 45～60 厘米处短截定干,在剪口下 15～30 厘米范围内,需有良好的饱满芽作整形带。在整形带内的芽萌发出枝条后,选两个错落着生、生长势均衡、左右伸向行间的新梢,将其培养成主枝,并及时摘心,促其发生副梢。同时要调整好两主枝的方位和开张角度。

在平地桃园,桃树的两主枝宜伸向行间;在山地梯田桃园,桃树的两主枝宜伸向梯田壁和梯田下侧,侧枝与梯田方向平行,并将主枝的开张角度调整成 40°～50°。

在桃树冬季修剪时,对两主枝先端健壮梢进行短截;以作主枝的延长枝,并在其下端的副梢中选一侧枝短截,剪留长度可稍短于主枝的延长枝。其余的枝条,过密的疏除,保留的适当短截,以缓和树势,有利于早结果。第二年夏季,继续对主枝、侧枝的延长枝摘心,同时配置第二侧枝。对其余枝条可多次摘心,促其形成果枝和花芽。

(三)改良杯状形的整形技术

改良杯状形是对自然杯状形灵活应用的一种整形技术。自然杯状形的标准树形虽是三股六杈,但整形时可灵活掌握,采用三股五杈或三股四杈等树形。改良杯状形的整形技术是从主干上分生 3 个一级主枝,每个一级主枝上再培养 1～2 个二级主枝。培养一个二级主枝的是单条独伸,培养两个二级主枝的是顶部平均分为两股杈,以后各枝逐年延伸。

在培养主枝的同时,再培养几个内侧枝、外侧枝和旁侧枝。外侧枝,分别着生在各级主枝的外侧;旁侧枝,为平侧,即与主枝的开张角度相一致;内侧枝,着生在主枝的内侧,数目不等,有空就留,互不遮光。各主侧枝之间的距离,应保持在

1米以上。各主侧枝上着生结果枝和结果枝组。主枝的开张角度以45°为宜,旁侧枝的开张角度以70°～80°为宜。

四、桃树修剪技术要求

(一)修剪时期

1. 休眠期修剪

桃树落叶后至萌芽前,均可进行休眠期修剪,但以落叶后至春节前进行为好。黄肉桃类品种幼树易旺长,常推迟到萌芽前进行修剪,以缓和树势,同时还可以防止因早剪而引起的花芽受冻害。个别寒冷地区,桃树采取匍匐栽培,需埋土防寒,则应在落叶后及时修剪,然后埋土越冬。在冬冷、春旱的地区,桃幼树易出现"抽条",应在严寒之前完成修剪任务。

2. 生长期修剪

生长期桃树的修剪,分春季修剪和夏季修剪两种。桃树春季修剪又称花前修剪,在萌芽后至开花前进行,如疏除、短截花枝和枯枝,回缩辅养枝和枝组,调整花、叶、果的比例等。桃树夏季修剪,指开花后的整个生长季节的修剪,如摘心、抹芽、扭梢和拉枝等。

(二)修剪方法

一般对树势强的枝条进行修剪要轻,对衰弱的枝条进行修剪要重。过度的强修剪,会使花芽形成不良,也会发生很多徒长枝。但过弱的修剪,弄不好会导致小果比率增加,果实品质下降,而且结果部位上移。适当的修剪量为整体花芽的60%～70%,不超过90%。

1. 轻剪长放

轻微剪去枝条先端盲节前的部分。轻剪长放后,发芽率和成枝率高,但所发的枝长势不强,枝条总生长量大,发枝部位多集中在枝条饱满芽分布枝段,即其中部和中上部,下部多为短枝或叶丛枝。对幼树和旺树,应进行轻剪长放,以缓和生长势,有利于提早结果(图6-4.1)。

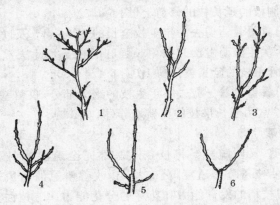

图6-4 桃树枝条不同程度短截的反应
1. 剪去顶尖盲节部分 2. 剪去1/3 3. 剪去1/2
4. 剪去3/4~4/5 5. 剪去4/5以上 6. 基部留两个叶芽

2. 短　　截

短截,就是把枝条剪短,以增强分枝能力,降低发枝部位,增强新梢的生长势。短截常用于骨干枝的延长修剪,以达到培养结果枝组、更新复壮等目的。枝条短截后,对于枝条的增粗、树冠的扩大以及根系的生长,均有抑制和削弱的作用。短截还有另外一种作用,就是短截后改变枝条顶端优势,调整营养和水分的分配,相对地提高枝芽的营养水平,因而对剪口下附近的芽有局部促进生长的作用,比如促进芽萌发和新梢生长。这种作用,随芽与剪口距离的加大而减弱。根据短截程度的不同,分为短截、中短截、重短截和极重短截。

(1)短　　截　剪去一年生枝全长的 1/3。次年萌发的新梢一般生长势较弱(图 6-4.2)。

(2)中短截　剪去一年生枝全长的 1/2。次年能萌发几条生长势强的新梢。此法多用于徒长性结果枝、用徒长枝作主枝或侧枝的延长枝的修剪上(图 6-4.3)。

(3)重短截　剪去一年生枝全长的 3/4～4/5 及以上。重短截后,次年能萌发出几条生长强旺的枝条。此法常用于发育枝作骨干枝的延长枝修剪上(图 6-4.4～5)。

(4)极重短截　剪去一年生枝的绝大部分,仅留基部 1～2 个芽。常用于长果枝的更新培养(图 6-4.6)。

3. 疏　剪

疏剪,又叫疏枝。将枝条从基部完全疏除掉(图 6-5)。疏剪可使枝条疏密适度,分布均匀,改善树冠的通风透光条件,增强枝梢的发育能力和花芽的分化能力。疏枝往往对其下部枝有促进作用,对上部枝有抑制作用。若所疏的枝越粗,伤口越大,这种作用越明显。疏枝是减少树的枝叶量,疏枝过重会明显削弱全枝或全株的长势。疏剪常用于过密枝、过弱枝的疏除,或在平衡树势和调整枝叶量时应用。

4. 缩　剪

缩剪,是对多年生枝的短截,通常只剪去 2～3 年生枝段(图 6-6)。对被剪的枝刺激较重。若剪留下的枝较粗壮,剪口枝较强,可促进枝条的长势,并使近剪口的叶丛枝萌发出较强的中长枝。若缩剪时,剪除部分过大,留下部分过弱,剪口枝也弱,这样对母枝的抑制严重,甚至有枯死的可能。所以,利用缩剪方法对桃树进行更新复壮时,一定要慎重。

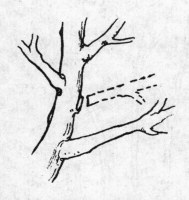

图 6-5　疏枝后增减势的影响　　　图 6-6　缩剪示意图

5. 抹　芽

在叶簇期（北京地区为 4 月下旬至 5 月上旬），对双芽抹除一芽，保留一芽（图 6-7），并按整形要求调节剪口芽的方向和角度；抹除剪锯口附近或幼树主干上发出的无用枝芽。

抹一芽，留一芽

6. 除　萌

进行这种修剪，主要是及时除去主干基部抽生的萌蘖（图 6-8），以节约养分。

7. 摘　心

将枝条顶端的一小段嫩

图 6-7　抹　芽

梢，连同嫩叶一起摘除，称为摘心（图 6-9）。一般当新梢生长到 20～30 厘米时进行。主要摘除主枝附近的竞争枝和内膛徒长枝等。一般在 4～5 月份进行。摘心可相对地提高枝条中下部营养，促进枝条芽的充实、饱满，有助于花芽形成。

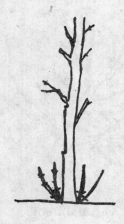

图 6-8　除　萌

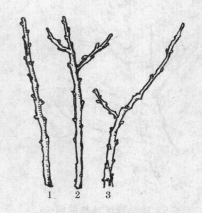

图 6-9　枝条摘心

1,2. 未摘心,花芽在枝条上部

3. 适时摘心后,枝条下部形成饱满花芽

8. 扭　梢

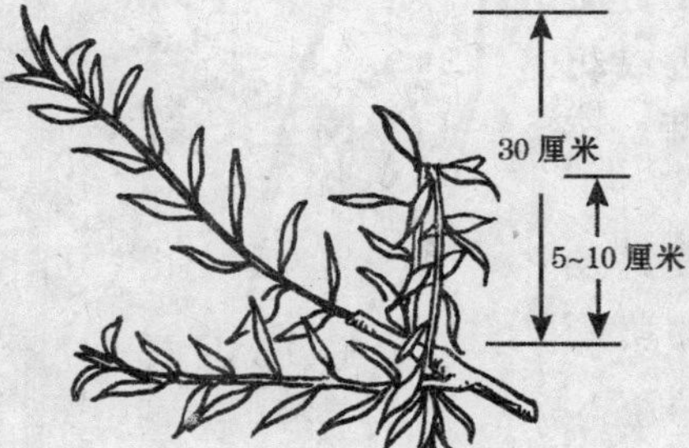

将枝条稍微扭伤,拉平,以缓和生长势,有利于结果(图 6-10)。常用于徒长枝或其他旺枝,扭转 90°角,使其转化为结果枝;或处理主枝延长枝的竞争枝、树冠上部的背上枝、冬季短截的徒长枝和大枝剪口旁所生的强枝,

图 6-10　扭　梢

以抑制生长势。

9. 摘心和扭梢相结合

有些桃树的徒长枝,只靠一次扭梢,常常形不成理想的枝

组。对它需采取先摘心与后扭梢相结合的措施，才能收到良好的效果。当新梢长到 20～30 厘米时摘心，待长出 1～2 个副梢，长达 30 厘米时再扭梢（图 6-11），以达到枝量多、枝组稳定的目的。

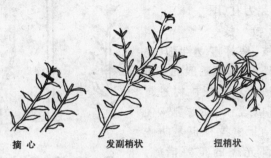

摘心　　　　　发副梢状　　　　　扭梢状

图 6-11　先摘心后扭梢

10. 拿 枝

在桃树新梢木质化初期，将直立生长的旺枝，用手从基部到顶部捋一捋（图 6-12），伤及它的形成层，不要损伤木质部，以阻碍养分运输，缓和生长势，有利于它的营养积累，从而达到成花结果的目的。

图 6-12　拿 枝

11. 剪 梢

一般是在新梢生长过旺，不便再进行摘心，或错过了摘心时间的旺枝，可通过剪梢来弥补。其目的和效果

大体与摘心相似。剪梢时间
一般在5月下旬至6月初。
剪梢过晚,则抽生的副梢形成
花芽不良。剪留长度以具有
3～5个芽为宜(图6-13)。

12. 拉 枝

拉枝,是对直立性强、角
度小的骨干枝,所采取的一种
开角方法。对幼旺桃树进行
拉枝,可以缓和它的树势,使
它提早结果。拉枝也是防止
桃树下部光秃的重要措施。
在雨水多、光照差的地方,拉
枝角度要大,可将侧枝、大枝
拉成70°～80°角;雨水少、光

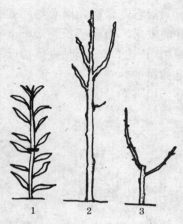

图6-13 剪去徒长性新梢
1. 重剪 2. 未重剪的徒长枝
3. 徒长新梢重剪后分枝良好

照强的地方,可拉成60°角左右(图6-14)。拉枝一般在6～7
月份进行。此时树液
流动旺盛,枝条较软。
对1～2年生的主枝,
不要过早拉开,以免削
弱新梢生长势,影响主
枝的形成。对3年生
以上的大枝,拉枝可提
前在5～6月份进行。

13. 环剥与刻伤

在枝干基部,将韧
皮部及其以外的树皮

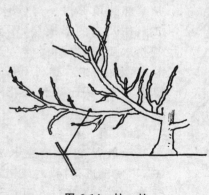

图6-14 拉 枝

剥去一圈,叫做环剥。其宽度约为枝干粗的 1/10。刻伤是在芽的上方或下方,或在着生枝条部位的上侧或下侧,用刀刻伤,深达木质部,切断局部的营养运输,促进萌芽和长枝,或抑制萌芽和长枝(图 6-15)。其作用主要是暂时切断韧皮部的

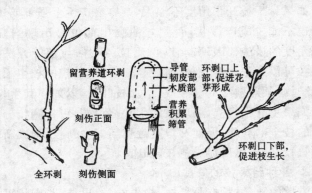

留营养道环剥

刻伤正面

全环剥　刻伤侧面

导管
韧皮部
木质部

营养
积累
筛管

环剥口上部,促进花芽形成

环剥口下部,促进枝生长

图 6-15　环剥和刻伤

输导组织,阻止有机物质向下运输,增加枝干部碳水化合物的积累,从而促进花芽分化。环剥和刻伤,一般用于辅养枝及直立性强的大枝组上。

环剥位置,应在将来预备回缩的位置上,待结果后回缩剪除。环剥一般在开花后进行。环剥最好不剥通,保留一定宽度的营养通道,以防产生弱枝、叶黄和落果现象。

(三)桃树修剪方法的综合应用

修剪技术在一棵树上都是可以综合应用的。修剪技术要受品种、树龄、长势和环境条件等许多因素的制约。

1. 主侧枝角度的开张

为使主侧枝角度开张合理,对直立主侧枝的延长枝修剪

时,剪口芽应留外芽,或利用背后枝换头,加大主侧枝的开张角度。如果把骨干枝拉成近80°的角,被拉枝下部能抽生枝条,减少下部出现空虚光秃现象。拉枝不能拉成水平状或下垂状,否则会使被拉枝的先端衰弱,后部背上枝旺长。

如果骨干枝开张角度不够大,则容易产生上强下弱现象。拉枝也不能拉成弯弓状,否则弯曲突出部位易出现强旺枝。开张角度的措施要因地制宜,可用拉、撑、吊与别等方法。通过拉枝可以开张角度,但有时拉枝不适当,被拉的枝生长势衰弱,此时必须对被拉的枝缓放,增加枝叶量,以加强其生长势。

如果主枝很直立,而侧枝的生长势很弱,可将侧枝分杈处以上的枝全部剪除,促使剪口附近重新发生新枝,形成新的主枝延长枝,这样可以促进侧枝转旺。

2. 各种结果枝的修剪

桃树的结果枝,有长果枝、中果枝、短果枝、花束状果枝和徒长性果枝等。但主要结果部位为长、中、短果枝。对结果枝的剪留长度和密度,应根据品种、坐果率的高低、枝条的长势和着生部位的不同而有差别。

一般成枝强、坐果率低的粗枝条,向上斜生或幼年树平生枝,应留长些;成枝弱的品种,坐果率高的细枝或下垂枝,应留短些。

(1) 长果枝的修剪 桃树主要结果部位是长果枝。长果枝一般先端不充实,而中部充实,且多复花芽。修剪时,将长果枝先端不充实部分剪除,保留20~30厘米长。注意剪口芽留外芽。生长弱的长果枝可以重短截;生长偏强、花芽着生部位偏上的长果枝,应轻短截;对加工用黄肉桃类的长果枝,应适当留长些。对老年树应适当留部分直立枝。对密生的长果枝,应疏除一些直立枝和下垂枝。疏除时,不要紧靠基部剪,可留 2～3 个芽短截,以刺激其再发新的预备枝或果枝。

(2)**中果枝的修剪**　中果枝的剪法与长果枝相同,但剪留长度应稍短些,剪口芽要留外芽。

(3)**短果枝的修剪**　短果枝剪留的长度要更短些。但剪口下必须有叶芽;无叶芽则不要短截。短果枝过密时,可部分疏除,基部留 1～2 个芽,作预备枝。疏除时要选留枝条粗壮、花芽肥大者。短果枝一般只留一个果,因此,要适当多保留短果枝。

(4)**花束状果枝的修剪**　一般不短截,过密时可疏除。

(5)**徒长性果枝的修剪**　一般不用其结果。此枝因多着生在内膛或靠近顶部,而且枝的下部又多为叶芽,只在上部才有少数花芽,所以,常用其改造成枝组或更新用。

3. 培养更新枝

为了使盛果期树的结果枝和结果枝组延年结果,应多留预备枝。

(1)**单枝更新**　将长果枝适当轻剪缓放,使其先端结果后枝条下垂,基部芽位高,抽生新枝。再修剪时回缩到新枝处,并将更新枝短截。另一种方法是将长、中果枝剪留 3～4 个花芽,使之结果又发新枝。这种方法是当前生产上对南方品种群品种和幼树广为应用的方法。简单地说,就是在一个枝上长出来又剪回去,每年利用靠近基部的新梢进行更新。

(2)**双枝更新**　就是在同一母枝上,在近基部选两个相邻的结果枝,对上部枝适当长放,当年结果;对下部枝仅留基部 2～3 个芽短截,作为更新枝,抽生两个结果枝。到秋季完成结果任务以后,冬剪时将结果的上枝疏除,下枝形成两个结果枝。每年将上下两枝作结果和更新枝的剪法,叫双枝更新。对北方品种群品种常用此法。

在北京、大连等地区,对桃树不专门留更新枝,而是将长果枝短截,留 15～20 厘米长,一面结果一面兼作更新枝用,效果也很好。

有时连续双枝更新几年后,由于顶端优势减弱和光照不充足等原因,更新枝不够强壮。如果在双枝更新的同时,配合扭梢和曲枝等措施,压低结果枝的部位,使更新枝转变到顶端位置上,借助于顶端优势作用,将更新枝培养成较健壮的长果枝。

4. 结果枝组的培养和修剪

(1)结果枝组的培养 结果枝组是直接着生在主、侧骨干枝上的独立结果单位。它是由发育枝、徒长枝、徒长性果枝和中、长果枝,经控制改造而发育成的。按其枝组的大小,可分为大型结果枝组、中型结果枝组和小型结果枝组。

大型枝组是由发育枝、徒长枝和徒长性果枝培养而成。它数量多,所占空间大,寿命也较长。中型枝组多由徒长枝和徒长性果枝培养而成,生长状况介于大、小枝组之间。大、中型枝组是桃树的主要结果部位。小型枝组多由长、中果枝培养而成。由于其枝量少,所占空间小,结果 3～5 年后便枯死。

①大、中型结果枝组的培养 选择在骨干枝上着生部位适宜的发育枝、徒长枝或徒长性果枝重短截,留 20～30 厘米长,促使分生 5～6 个枝条。第二年去直留斜,改变其延伸方向。一般留 2～3 个枝条,再重短截。以后对延长枝重短截,使其向两侧生长,对其上的结果枝留 10 余个芽剪截,使其结果。3～4 年后,即可形成大、中型枝组。

②小型结果枝组的培养 可利用结果枝来培养。对强壮的结果枝留 3～5 个芽短截,促使分生 2～3 个结果枝,便成为小型枝组。第二年留两个方向相反的果枝,让上部果枝结果;对下部的果枝留 2～3 个芽短截,让它再分生果枝,到来年结

果。这样,可使果枝轮流结果。

在整形修剪过程中,从幼树开始就应有计划地培养好大、中、小型结果枝组。枝组配置合理,不但是高产稳产的重要环节,同时也是防止主侧枝秃裸的重要手段。

通常大、中型结果枝组交错着生,小型枝组插空选留。随着树冠的扩大,小型枝组结果后逐渐衰弱干枯,大型枝组能够补充小型枝组的空间。桃树的大型枝组应主要排列在骨干枝背上两侧,枝组之间保持 70~80 厘米的距离。桃树的中型枝组,主要排列在骨干枝的两侧,或大型枝组之间,以互不干扰、通风透光良好为原则。

(2)结果枝组的修剪 对着生在骨干枝上的枝组,要依据不同情况采取不同的修剪措施。对枝组着生空间较大者,对枝组上的各分枝,可选留强枝带头,继续扩大树冠。对无发展空间的,可缩剪,以弱枝带头,控制扩大生长,使其保持在一定范围内结果。生长势过强的,可剪去强枝,留中庸枝,以抑制生长;生长势弱的,可重回缩,促生强枝。

对桃树枝组进行修剪,其主要任务是果枝剪截。剪截果枝时,既要考虑疏除过多的花芽,又要考虑发枝能力,留好预备枝。以长、中果枝结果为主的南方品种群品种,多用短截。长果枝一般留 10 余个花芽;中果枝留 5~7 个花芽;短果枝不剪或中部有叶芽的留 2~3 个花芽,并在叶芽处短截;花束状果枝不剪,过密者可疏除。

以短果枝结果为主的品种群品种,多用轻剪、长放或少短截的方式,以疏枝为主。对长放的结果枝,应控制结果量,以调节其长势,适时更新回缩。

枝组修剪时,要注意果枝的密度。以短果枝结果为主的品种,果枝剪口距不少于 10 厘米;以中、长果枝结果为主的品种,果枝剪口距不少于 15 厘米;小型枝组之间的距离以 15～20 厘米为宜。

5. 徒长枝的修剪

对不能利用的徒长枝,应及早从基部剪除,以免消耗养分。处于空隙中的徒长枝,可以利用改造,将其培养成结果枝组。具体方法是:当徒长枝长至 15～20 厘米时,留 5～6 片叶后摘心,以促发二次枝,形成良好的结果枝。如未能及时摘心,可在冬剪时留 15～20 厘米长后重短截,剪口下留 1～2 个芽。对翌年仍抽生的徒长枝,可于 6 月份摘心。如又未及时摘心,冬剪时,可把顶端 1～3 个旺枝剪掉,下部枝就会形成良好的结果枝组。

6. 下垂枝的修剪

以短果枝结果为主的品种,对选留的长枝连续缓放几年以后,就会形成下垂枝组。对这样的枝组应从基部 1～2 个短枝处回缩,促使短枝复壮,萌发长枝而更新。有些幼树利用下垂枝结果后 1～2 年,冬剪时对剪口芽留上芽,以抬高角度,一般剪留 10～20 厘米。

第七章　桃园标准化花果管理

一、疏花芽

桃果的生长发育,依赖桃树体内贮存的营养、叶片合成的营养,以及根系吸收的各种矿物质营养元素。而桃树在早春时,叶幕还没有形成,不能进行光合作用。因此,这时桃树的萌芽、开花所消耗的养分,基本上来源于树体内贮存的营养。

据有关资料介绍:桃树每开一朵花约消耗 0.01 克的综合营养。过多的营养消耗,会使树体贮存营养消耗过快,会导致营养元素的缺乏,使树体萌芽晚,新梢生长慢,叶幕形成迟且面积小,幼果细胞分裂缓慢并数量减少,大大影响果实的发育。因此,疏去过多的花芽,就会减少养分的不必要消耗,增强树势,促进萌芽和早期叶幕的形成,提早加强光合作用,促进幼果增大,有利于树势的强壮和形成大果。

(一)疏花芽量

一般要疏去花芽总量的 70% 左右。但必须注意,要考虑适当的留果位置,以保证以后的果实生长发育有空间和方便果实套袋工作。花粉败育及有生理落果习性的品种,要适当多留一些,以避免减产。

(二)疏除时间

一般在 2 月下旬,桃园土壤解冻后,桃树进入花芽萌动时即可疏花芽。早疏除花芽,可以减少果枝因疏花芽时造成的伤口,使其花、果、叶、枝发育生长健壮。

(三)疏除方法

掐花芽,就是在应疏去的花芽处,用指甲掐断花芽的生长束管,使其不能发育开花而达到减少花芽量的目的。

疏除果枝下部的花芽时,为了能使果枝抽生出更新枝,不使叶芽受伤死亡,可在果枝下部适当保留1～3对花芽,待萌芽后再疏去花果。疏除果枝中、上部花芽时,可疏去2～3对,保留一对,顶端花芽一般不保留。

生产实践证明,疏花芽技术的应用,减少了人在桃果生产上的工作时间和工作量。合理的疏花芽后,就等于在桃园施用了一次高效肥料,甚至比施用一次肥料的作用还强。

二、疏花疏果

多数桃品种结实率高,盛果期的坐果量往往超过树体的负载量。桃的结果枝,既能当年结果,又能发生下一年的结果枝。因此,在同一枝上的结果与生长的矛盾较为突出。若不疏花疏果,就势必产生一些小果,既影响桃果的产量与品质,又不能形成下一年的结果枝,造成树势减弱及早衰。合理的疏花疏果,是保持树势,提高产量与果品质量的重要措施。

(一)疏花疏果的原则

第一,坐果率高,具有完全花的品种,为了提高其品质,减少营养损耗,要在花期疏花,原则上疏掉结果枝1/3的花,此属于粗疏。

第二，生理落果后，即果实第一次膨大期再疏果。此属细疏，其可完成疏花疏果工作量的 95%。

第三，套袋时再补疏。即疏掉位置不好、遗漏的果子。

第四，坐果率低，无花粉的品种，原则上不疏花，只疏果。

第五，疏花，比疏果更为节省养分，更能促进果实产量与质量的提高。但在有晚霜和倒春寒的地区，应慎重推行。

第六，疏花进行得越早越好。授粉充分的可早疏，成年树早疏，幼年树晚疏。

（二）疏除方法

有人工疏花疏果、化学疏花疏果和机械疏花疏果三种方法。化学和机械疏花疏果，目前还存在一些尚待解决的问题，仍需辅以人工疏花疏果。我国目前仍以人工疏花疏果为主，其他的疏花疏果方法还在试行中。

1. 人工疏花疏果

(1) 疏　花

①疏花时期　人工疏花的时期越早越有利，以大花蕾至初花期进行为宜。早疏花可以减少树体贮藏养分的消耗。

②疏花标准　疏去早开的花、畸形花、晚开的花、朝天花和无叶枝上的花。要求保留枝条上部和中部的花，花间距离要均匀合理。

③疏花量　疏花量一般为总花量的 1/3。人工疏花，采用摘去花蕾或花的方法进行。

(2) 疏　果

①疏果时期　人工疏果在落花后 1 周至硬核期前完成。疏果时期及时进行疏果，要比疏果强度合适更为重要。

②疏果标准　疏除小果、双果、畸形果、病虫果、朝天果和

无叶枝上的果,选留大且端正的果。

③疏果方法　疏果一般分两次进行。第一次疏果在花后一周,疏去枝条顶部和基部的果实,中部适当间疏。留果量应为最终留果量的3倍。第二次疏果在硬核期前进行。此次疏果后的留果数量,为最后的留果量,亦称定果。对生理落果严重的、坐果率低的品种,要适当晚疏果和适当多留果。花期如遇低温时应适当晚疏。留果的多少,要依据品种、树龄和树势来确定。

④各型枝的留果量　一般长果枝,大型果留1~2个,小型果留3~4个。中果枝,大型果留一个,小型果留1~2个。短果枝和花束状果枝留1个果,或2~3个枝留一个果。预备枝和延长枝不留。树冠上部和外围多留,内膛和下部少留果。也可根据叶果比来留果,30~50枚叶片留1个果。但在不同地区、不同管理水平和不同品种之间,叶果比要有差异。

⑤各品种的留果量　直立品种上部多留,下部少留。开张品种内膛多留。大型果少留,小型果多留,一般长果枝留3~4个果,中果枝留2~3个果,短果枝、花束状果枝留1个或不留。盛果期树要求每667平方米产量控制在2 000~2 500千克为宜。

2. 化学疏花疏果

进行化学疏花疏果,常用的药剂如下:

(1)用石硫合剂疏果　此药效果稳定安全。喷药浓度为2.8波美度。对花蕾无效,必须在花盛开时喷布。因此,一般要喷洒两次才能奏效。

(2)用生长调节剂类药剂疏果　用萘乙酸疏果,在花后24~45天喷40~60毫克/千克浓度的溶液,效果较好。用乙烯利疏果,通常使用浓度为60毫克/升,于花后8天喷布。使用疏桃剂,通常浓度为 200 毫克/升,于花后 2～5 天喷布。

上述植物生长调节剂喷布后,影响树体内激素的形成和运转,使果实发育停止而造成落果。使用不当,常出现疏花疏果过头的现象。故应在技术人员指导下进行。

3. 机械疏果

在我国国内尚无应用之例。国外有用高压气流振动树枝而进行疏果的。采用此法,必须在果实发育到一定时期,对外界条件敏感时才能有效。

三、保花保果

在桃果生产上,可采取以下保花、保果的措施:

(一)提高花芽质量

为了防止因雌蕊退化、花器发育不全而引起落花落果,应加强秋季采摘后的树体管理,及时防治病虫害,防止早期落叶,注重采后营养补充,增加树体营养贮存,做好夏剪工作,改善树体通风透光条件,促使花芽发育充实,增强抗寒能力,减轻雌蕊退化,提高花粉的生存与受精能力。

(二)改善授粉条件

对雌蕊败育的品种,在栽培中必须注意合理配置授粉品种。在开花时,要抓住时机,及时做好人工辅助授粉工作。

(三)保留适量优质花果

为了防止第三期落果(6 月份落果),应及早落实疏花芽或掐花芽措施。对于疏花芽或掐花芽时没有疏去花芽总量

70%左右的,或预留制取花粉的桃树,及时疏大蕾、疏花。根据桃树的品种特性,适时疏果、定果,节省养分,提高坐果率。

(四)满足果实营养需要

防止6月份落果,应着重在硬核期前适量供应肥水,以保证桃树贮存营养和吸收、制造营养过渡期的养分供给。改春施基肥为秋施(9月份),避免单独大量施用氮肥,追肥要氮、磷、钾肥配合施用。

旺长树不宜修剪过重。要及时夏剪,控制徒长枝及新梢生长。如进行多次摘心和疏枝,以减少新梢的生长点,削弱其对养分的竞争力,提高坐果率。要合理疏除过密枝,增强光照,提高叶片同化功能,满足果实生长发育的养分供应。

(五)重视采前管理

为防止采前落果,桃园土壤持水分不处在低于影响树体及果实生长发育的情况下,不宜灌水。如遇特别干旱,则应在采摘前20~30天适量灌水。决不可人为地造成桃园环境变化过大,或土壤所持水分和环境湿度忽高忽低。因为这对桃园病害、果实品质会造成很大的不利影响,并极容易发生落果现象。所以,要尽量加以避免。

四、辅助授粉

桃树的开花时间为7~10天,授粉时间为3~4天。对花粉败育的品种,应在建园时考虑配置授粉品种,或者辅助授粉。对于无花粉品种,除了配置足够的授粉树外,辅助授粉也必不可少。常用的辅助授粉方法有人工授粉、蜜蜂授粉和授粉器授粉等。

（一）人工授粉

1. 花粉采集

在大花蕾时结合疏花,采集授粉品种的花蕾,用人工或剥花机剥出花药。干燥花粉时,可用 40 瓦灯泡加热,使花粉处于 25℃、相对湿度为 40％的条件下,经常翻动,进行干燥。雨天所采集的花粉应烘干 15～18 小时,晴天采集的花粉可烘干 8～10 小时。

2. 花粉保存

保存花粉,要注意贮存温度不能超过 30℃,空气相对湿度不能超过 80％。在实施人工授粉前,应检查花粉萌发率,以萌发率超过 40％的为好。当萌发率超过 60％时,可添加增量剂使用。

3. 授粉方法

将采集的桃树花粉按 1：5～10 的比例,掺入滑石粉或淀粉,然后用橡皮头蘸粉点花,或装入纱布袋内,将花粉袋在树上抖动,撒出花粉,进行授粉。在盛花期反复进行 3～4 次,可明显提高桃树坐果率。也可挂花枝授粉。即将预留授粉品种树的花枝剪下,插入水罐中,挂在被授粉树的树冠上部,借助风力撒粉。

桃树数量少的桃园,也可摘取已开放的授粉品种的花朵,用已经开裂花药在被授品种花柱上轻抹,效果也不错。

（二）蜜蜂授粉

一般每 0.2～0.33 公顷放一箱蜂。放蜂前,不得施用毒性较强的农药,以免毒死蜜蜂。

(三)授粉器授粉

大桃园的授粉,也可使用授粉器喷施。授粉时,将花粉、蔗糖、蒸馏水配成花粉液,三者的比例以 1:37.5:250 为最佳。授粉器集采粉授粉于一身,效果好,能大量节省劳力和时间。

五、果实套袋与贴字

近年来,随着果品市场竞争的日趋激烈,对果品质量的要求也越来越高。为了提高桃果的商品性,适应消费市场的需求,生产无公害及绿色食品桃果,保证上市桃果有优异的质量,桃果套袋在优质桃果生产上的应用势在必行。

(一)桃果套袋的优点

果实套袋具有以下优点:

1. 降低农药残留

桃果套袋后,防治病虫害的农药不直接喷洒在桃果上,从而减少农药对果实的污染,降低果实的农药残留量,能够生产出高档无公害或绿色食品的桃果。

2. 减少病虫鸟害

许多病虫害和鸟害,不能靠常规方法彻底防治,如桃蛀螟、桃小食心虫、梨小食心虫、桃褐腐病、桃疮痂病(黑星病)、细菌性穿孔病、炭疽病、桃果疫软腐病和食果鸟类等。尤其是中、晚熟桃品种,受害严重,防治困难。通过果实套袋,就相当于给桃果穿上一层防护衣,可以有效地减轻病虫鸟的危害。

3. 减轻自然灾害

果实套袋能减轻冰雹和日灼的危害。由于果实有了防护衣,对于比较小的冰雹,和高温时阳光直射引起的日灼,有减轻灾害的作用。果实套袋,还可以促进果实成熟度均匀,因为套袋可以防止阳光直射果实,果实阳面和阴面受光均匀,从而使桃果的成熟度趋于一致。

4. 改善外观品质

套袋减少了灰尘对桃果表面的污染,使果面洁净,着色鲜艳,外观品质良好,从而提高桃果的商品价值。套袋后桃果实平均着色面积增加 30.20%～34.60%,果面光洁,鲜艳,美观。

5. 减少果实裂果

果实套袋还可以减少裂果。套袋后阳光不直射果实,袋内的温、湿度相对比较均匀,不易受外界影响,桃果在生长期的环境趋于平衡,可有效地减少裂果。

但大面积的集约化栽培,套袋所需的人力和物力成本也很可观。其投入产出比为 1∶6～8。

(二)桃果套袋的方法

套袋的具体方法如下:

1. 套袋材料

目前,多用纸袋套果。纸袋,可购买,也可自制。自制时,应使用卫生的专用制袋纸。不得使用旧报纸及其他印刷纸张做纸袋。因为这些纸上有油墨或铅,对果实表面有污染,既影响果实外观,又有害于食用者的健康。一般易着色的油桃和不易着色的桃,用单层浅色袋,红色品种宜用单层黄色袋,晚熟桃宜用双层深色袋。

2. 套袋时期

套袋应在定果后、病虫害发生前完成,最好为落花后 30

天左右。在北京地区,一般为5月下旬至6月上旬。套袋的具体进行时间,以晴天上午9～11时和下午3～6时为宜。

3. 套袋方法

套袋前,应喷一次杀虫、杀菌剂,或使用含药的纸袋。套袋应按早熟、中熟、晚熟的顺序进行。坐果率高、落果轻的品种先套,坐果率低、落果重的品种后套。

套袋时,取一个纸袋,将袋撑开,捏平下部两角,套入幼果,再摺袋口,把袋用铅丝或麻皮固定在结果枝上。切勿将叶片套入袋内。

4. 去袋方法

(1)解袋时期 解袋过早的果实,类似普通果,甚至还不如不套袋的果实。所以,解袋务必要适时。桃成熟期雨水多的地区,解袋后会造成部分桃树品种裂果严重。此类桃树品种可以不解袋。

解袋要尽量选择在晴天进行,要避开露水。解袋时间,以上午10时至下午4时为好。阴雨天解袋会引起日灼。

白肉桃品种,当套袋的桃果近于成熟时,先检查桃树树冠上部和外围的果实,见其开始由绿转白时,就是解袋的最佳时期。大约在采前10天进行。

(2)解袋方法 解袋应分两步进行:先将袋口解开,让果实适应外界气候环境。两天以后,将果袋去除。解袋的顺序是,先解树冠上部和外围的果袋,后解下部和内膛的果袋。解袋后,果实得到光照开始着色,一般经过1周左右即可成熟采摘。去除果袋后,应适当摘除果面挡光叶片,以利于着色。

(三)果实贴字

果实去袋后,即可在果实上贴上"恭喜发财"、"福"、"寿"

等吉祥字或十二生肖图案,使普通桃摇身变为工艺桃,以增加销售吸引力。

六、着色期管理

着色好的桃不仅外观漂亮,而且也有很好的贮藏性,品质和营养都很优秀。因此,搞好桃果着色管理,具有重要作用。

(一)套袋果的着色期管理

有条件的地区,除对套袋果做到适时解袋外,可在树冠下覆盖反光膜,并剪掉徒长枝,来改善光照,促进有效着色。

(二)无袋果的着色期管理

树冠内部和枝条下部光照不良,对着色影响大。应剪掉徒长枝,拉上下部的枝条,促进树冠内无袋果的着色。但是,无袋果着色过多同样影响外观。因此,在光照好的地区,应适当保留徒长枝,减少直射光,避免果实过度着色。

(三)加工用果的着色期管理

加工用果不宜着色,以免影响加工产品的质量。因此,对准备作加工用的套袋果实,不仅不能解袋,而且要在没有完全着色时采摘。

第八章　桃园病虫害标准化防治
和自然灾害的防御

一、贯彻病虫害综合防治的原则

无公害果品生产中,病虫害的防治原则是:以预防为主,农业防治和人工防治为基础,提倡物理防治,大力推广生物防治技术;根据病虫害的发生规律和经济阈值,适当采取化学防治,将病虫害控制在不造成经济损失的水平。优质桃果生产的病虫害防治,要采取综合治理技术。

（一）预防为主

根据桃树生长发育过程和桃园环境条件,各类病虫害必须以预防为主。

1. 注意病毒病防治

病毒存在于植株的各个部位及其内部,不能用药剂进行彻底防治。病毒病与真菌性病害和细菌性病害有所不同,植株一旦发病,将是长期的,往往是植株存在多久,病毒也存活多久。虽然积极治疗也能收到一定的效果,但却很难彻底根除。

许多病毒和类病毒是靠砧木和接穗传播的。对新开辟的桃园,一定要从源头抓起,选用无病毒的砧木和接穗。只有这样,才能避免以后病毒病和类病毒病的发生。

2. 合理施肥,健壮树体

对于已经结果的桃园,特别是优质丰产园,每年均以施基肥为主,均衡补充营养,加强树体营养贮存量,满足桃树生长发育和开花结果的需要。后期的追肥,要合理地增加钾肥施入量。

3. 搞好桃园排灌工作

在发生天旱、果实生长需要增加水分时,应该给桃树适当灌水。但是,在下大雨或连阴雨天期间,桃园如没有排水设施,使积水不能及时排除,桃树的根系泡于水中太久,就很可能会死树。由于土壤过于潮湿,则又易诱发根部病害。所以,保证桃园排水和灌水条件,是桃树丰产、稳产、优质的重要条件。

(二)以农业防治和人工防治为基础

1. 加强人工防治

人工防治病虫害,是最原始也是最有效的防治方法。人工防治通常与桃园的管理是密不可分的。最常用的方法是结合桃树修剪,剪掉或刮除病虫枝或在枝条上和树干上越冬的病虫,有效地减少侵染源。如果坚持连年剪除病虫枝和抹杀在枝条上、干叶下潜藏越冬害虫,就可根除或极大地减轻其危害。

对有些害虫,可以直接采取人工方法予以杀灭,如在桃园发生的卷叶蛾,发现卷叶后用手捏一下卷叶,就可将其中幼虫杀死,又不影响叶片生长。有些害虫的幼虫有群集发生的习性,可以利用其习性集中歼灭。

有些病害,非人工防治不能彻底根除,如桃树腐烂病的防治,人工刮除病疤,然后涂药,是该病害最有效的防治方法。在秋季的 8 月下旬至 9 月上旬,在树干上绑草把或系上布条,诱集卷叶蛾幼虫、山楂叶螨等越冬害虫和害螨,到冬季解下予以集中销毁,能够消灭大量害虫和害螨。

2. 适当修剪和疏果

在给桃树进行冬季修剪时,留枝量要适当,不应使果枝处于相互交叉、相互折叠的状态。疏果时,应尽量保留斜下侧果实,并且使果与果之间的距离适当,以避免果实受日光灼伤,还能减少桃蛀螟转果危害。因为一般的单果,桃蛀螟不会转果危害;如果是几个桃果挤靠在一起,桃蛀螟就会从一个桃果转到所靠近的其他桃果上进行蛀食,加重或扩大桃果实被害程度与范围。合理修剪和疏果,就可以避免这种现象的发生。另外,在夏季还应把紧挨着桃果的叶片摘掉,以防止所有危害果实的害虫有可乘之机。

3. 彻底清园,减少越冬病原和虫口密度

桃树上的僵果、病枝和枯叶,常窝藏着各种病原菌和害虫。秋天落叶之后,应及时摘除树上的僵果和病叶,结合冬季修剪,剪除病虫枝。冬季修剪完毕后,应及时打扫园内落果、落叶和树枝,集中深埋或运往园外销毁,这样能够有效地消灭病虫源。

(三)提倡物理防治

1. 利用害虫的趋光性和喜食性

很多害虫有很强的趋光性,在晴朗、微风、无月光的夜晚,使用黑光灯等,能起到很好地诱杀效果。有些昆虫喜食糖醋等酸甜芳香物质。据此习性,可配制糖醋毒液盛于盘中,在成虫盛发期的晴天傍晚,将盘放置在田间距地面约 1 米高的地方,次日早晨取回,清除死虫,然后盖上盖子,晚上再放回田间,可连续用 5 天。

2. 应用昆虫性外激素

昆虫性外激素,简称性诱剂。这是由雌成虫分泌的用以

招引雄成虫前来交配的一类化学物质。通过人工模拟其化学结构合成的性诱剂，已经进入商品化生产阶段。在桃树害虫防治上已经应用的，有诱杀桃小食心虫、梨小食心虫、桃卷叶蛾、桃潜蛾和桃蛀螟等昆虫性诱剂，可以坚持应用。

(四)大力推广生物防治

利用生物或其产物防治病虫害，具有资源丰富、选择性强、安全性好、不污染环境、控制期长的优点，应当大力推广。在桃园生草，蓄养天敌，是一种行之有效的方法。

桃园生草，是指在桃园行间种植牧草或任其生长自然杂草。一般在草高 30～40 厘米时留 5～10 厘米进行刈割，将割下的草直接均匀地覆盖在树盘内。果园生草主要的是招引和蓄养害虫天敌，为天敌活动、栖息、繁殖提供场所。桃园生草后，天敌出现的高峰期明显提前，而且数量增多，为以虫治虫提供了有利条件，可减少防治害虫的用药次数和数量，节省生产成本，同时，所产桃果也能达到无公害或绿色食品的标准。

(五)适当采取化学防治

根据病虫害的发生规律和经济阀值，可适当采取化学防治，将病虫害控制在不造成经济损失的水平上。

1. 选择低毒农药

在无公害优质桃果生产上，禁止使用剧毒、高毒、高残留、致癌、致畸、致突变和具有慢性毒性的化学农药。

生产无公害桃果，亦即 A 级绿色食品桃果，允许有限度地使用部分化学农药。这些农药大部分是低毒品种，少数为中毒品种。这些农药的特点是，喷在桃树上或落在土壤中后，在自然条件下容易分解，在桃树或土壤中残留量少，污染小。

但是,在果实采摘前的药物安全间隔期内,严禁施用。

2. 注意施药时期

优质桃果生产应重视桃树萌芽前的施药。大多数病菌害虫都在树体上和土壤中越冬。在春季桃树萌芽以前,这些越冬的病菌害虫,尤其是害虫,开始出蛰活动,并上芽危害。这时喷药有以下优点:一是大部分害虫暴露在外面,又无叶片遮挡,容易接触到药剂;喷到树干、枝条和地面上的杀菌剂,易于杀死在树上和地面越冬的病菌,起到铲除病菌源的作用。二是此时天敌数量少或天敌尚未活动,喷药不影响天敌的种群繁殖。三是省工、省药。在桃树萌芽前使用的药剂及其浓度,与生长季往往不同,应根据防治对象和上年的虫口密度,选择农药种类和浓度。

我国北方桃园的主要害虫,有蚜虫、椿象、梨小食心虫、桃小食心虫、桃蛀螟、桃潜叶蛾和介壳虫等;主要病害,有细菌性穿孔病、桃褐腐病、疮痂病、炭疽病和桃果疫软腐病等。在桃园既有这些主要病虫害,也有很多次要病虫害,而且种类繁多。因此,桃园病虫害的治理,必须采取综合防治的技术措施,才能达到预期的桃果丰产、稳产和优质的目的。

3. 化学农药的施用方法应多样化

化学农药的施用方法,主要是喷雾,但是,如果根据病虫害发生的规律和危害习性,采取其他施药方法,如地面施药,树干涂药等,就会减少对非目标生物的影响。在生产上常用地面施药法,防治在土壤中越冬的害虫,如桃小食心虫,这是防治这类害虫的主要方法。用树干涂药法防治刺吸式口器害虫,如蚜虫、介壳虫和木虱等,也是很有效的害虫防治方法。防治桃树腐烂病的最好方法是,在患病处涂药或将病疤刮除后涂药。

无公害或 A 级绿色食品桃果生产中的病虫害防治,是桃树生产的一项综合管理技术。在具体生产实践中,应根据桃园的生产管理水平和病虫害发生危害的程度,采取一些关键技术,打破农药防治万能的老习惯,树立病虫害综合防治的观念,并加以实施。随着桃树病虫害综合防治水平的不断提高,人们对桃果的消费将逐步实现安全化、绿色化和有机化。

二、病害防治

(一)桃缩叶病

　　【发病盛期】　在气温为 10℃～16℃、空气潮湿的条件下,发生桃缩叶病较多。江南地区一般在 4～5 月份发病最盛。6 月份以后气温上升到 21℃时,此病停止蔓延。

　　【症　状】　主要危害叶片,也可危害花和嫩梢及幼果。春季嫩叶刚抽生时,即出现卷曲,叶色发红;随着叶片的开展,卷曲和皱缩也加剧。叶片增厚变脆,呈红褐色。春末夏初时,病部出现一层银白色粉状物,即病菌的子囊,最后呈褐色,叶片枯落。落叶后抽生新叶,不再受害。嫩梢受害后略变粗,节间缩短,叶片簇生,严重时整枝枯死。花受害后脱落。病果呈红色,发育畸形,常出现龟裂和疮疤。危害严重时,当年产量降低,并影响次年的开花结果。

　　【发病规律】　病菌以子囊孢子或芽孢子,在叶芽鳞片和枝干的树皮上越冬或越夏。春季叶芽萌发时,芽孢子萌发产生芽管,直接穿透叶片表皮或经气孔侵入。展叶前从叶背侵入,展叶后也可从正面侵入。菌丝在表皮及栅栏状组织细胞间蔓延,刺激中层细胞的分裂,细胞壁增厚,使叶片肥厚、皱缩及变色。

【防治方法】 在桃树萌芽前喷布 5 波美度石硫合剂,杀死越冬病菌。喷药若能做到及时周到,一次喷药即可控制。如能连续 2～3 年进行防治,则可以彻底防治该病。在发病初期应及时摘除病叶,予以集中烧毁。对发病较重的树,应增加追肥量,促使恢复树势,以免影响次年结果。还可用糙米米醋进行防治:预防用糙米米醋 40～60 毫升稀释到 20 升;治疗用糙米米醋 60～100 毫升稀释到 20 升,每隔 3～5 天一次,日落后喷施,共喷施两三次。

（二）桃褐腐病

桃褐腐病,又称菌核病、灰霉病。

【发病盛期】 温暖的 5～6 月份是其发病的盛期。

【症　　状】 主要危害主干和主枝。症状不易发现。初期病部表皮呈椭圆形下陷,变为褐色,有豆粒状的胶点。胶点下组织腐烂,具有酒精味,逐渐发展到木质部。后期病部干缩凹陷,密生黑色小粒状子座,内藏分生孢子器,遇雨出现橙黄色分生孢子角。当病斑围绕干枝一周时,全树或主枝死亡。分生孢子角借风雨和昆虫传播。

【发病规律】 病原菌以菌丝体、子囊壳及分生孢子器,在患部组织中越冬。翌年 3～4 月份,遇雨时分生孢子借风雨、昆虫传播,经伤口或皮孔侵入树体。菌丝体在皮层与木质部之间发展,并分泌毒素,毒死桃树的细胞,形成大量胶质孔隙,发生流胶现象。菌丝在高温时受抑制。

【防治方法】 桃褐腐病菌只能从伤口或皮孔入侵,故加强肥水管理,增强树势,防治虫害和减少人为伤口,都有防治作用。进行药剂防治时,于萌芽前喷布 5 波美度的石硫合剂,或退菌特、托布津等药液。其用法同桃炭疽病的防治。对已染病的病斑，涂石硫合剂及其药渣等，也有防治效果。

(三) 流 胶 病

该病又称疣皮病。在各桃产区均有发生。一般在南方高温多湿的地区发生较为普遍，北方地区发生较轻。据近年来的研究，此病分为两种，即流胶病和疣皮病。其区别是：流胶病始发生在主干和主枝上；疣皮病始发生在1～2年生枝上，一般当年不流胶。

【发病盛期】 高温伴有降雨时，为发病的最盛时期。在江南地区，以5～6月份发病率最高，7～8月份干旱季节发病几乎停止，9～10月份又有少量发生。

【症 状】

①**流胶病症状** 干枝上均可发生。多年生枝干上染病后，出现1～2厘米大小的水泡状隆起，一年生新梢则常以皮孔为中心，呈突起状。染病部位渗出胶液，与空气接触后变成茶褐色的胶块，导致枝干溃疡，树势衰弱，严重时枝干枯死。

②**疣皮病症状** 发病初期，在1～2年生枝的皮孔上发生疣状小突起，逐渐发展成直径约4厘米的疣状病斑，表面散生小黑点(分生孢子)。第二年春夏季，病斑扩大，破裂，溢出树脂，枝条变粗糙，并且发黑；严重时枝条皮层坏死而干枯。

【发病规律】 病菌在枝条上病斑部位越冬。次年3月下旬开始喷射分生孢子，并向田间散发。分生孢子靠雨水及溅滴传播，气流传播是次要途径。病菌孢子经伤口和皮孔侵入。其危害时期为4～9月份，潜伏期为34～185天。孢子发芽的适温为24℃～35℃。

另外，除上述病原菌侵染造成流胶外，虫害口也易导致流胶。如椿象、象甲,特别是桃小蠹虫,危害 1～2 年生枝后造成流胶。其他机械伤、冻伤和日烧伤等,也会导致流胶。

【防治方法】 春季发芽前,用 5 波美度石硫合剂,或 100 倍液 402 抗菌剂涂抹病枝干。在此病高发季,喷布抗菌类药物,防治枝干害虫,以减少伤口。

(四)桃炭疽病

【发病盛期】 在北方地区,6～7 月份才大量发生;在南方地区发病较早,在 4～5 月份即可发生。

【症　状】 主要危害果实和枝梢,也能危害叶部。被害的果实,果面初呈水浸状绿褐病斑,后变为暗褐色,渐干缩;气候潮湿时,在病斑上生出粉红色小粒,即病菌孢子。病果干缩,脱落或挂于树枝上。枝梢受害后,初现水渍状浅褐色病斑,后变为褐色,呈长椭圆形,边缘稍带红色,略凹陷,表面生有粉红色小粒点。病斑绕枝一周后,枝条枯死。叶片以嫩叶上发病最多,常以主脉为轴心向正面卷成管状,萎缩下垂。

【发病规律】 病菌主要潜伏在病枝或僵果的组织内越冬。第二年早春气温回升后,湿度适宜,即产生孢子,随风雨和昆虫传播,引起初次侵染。根据观察,当气温在 10℃～12℃,平均相对湿度在 80% 以上时,就能产生孢子。该病在桃的整个生长期内均可以侵害树体。可造成落果及枝梢的衰弱和死亡。在连续阴雨时易于发病。

【防治方法】 清洁田园,清除僵果和病枝,消除病源。搞好桃园排水管理。少施氮肥。

实施药剂防治,于早春芽萌动前喷 5 波美度石硫合剂一次,消灭越冬病原。落花后,每隔 10 天左右,喷一次 500 倍液的 50% 托布津,或 25% 多菌灵、50% 退菌特、代森锌等,共喷

3～4次,均有较好的防治效果。

还可从生育初期开始,周期性地喷施木醋液进行防治。预防用 40～60 毫升木醋液 ＋ 20～40 毫升糙米米醋;治疗用 60～100 毫升木醋液 ＋ 30～50 毫升糙米米醋。

(五)桃疮痂病

桃疮痂病,又名桃黑点病、黑星病、黑痣病。

【发病盛期】 在北方地区,其发病率最高期为 7～8 月份。南方地区雨季早,发病也较早,4～5 月份发病率最高。

【症　　状】 主要危害果实,也能危害叶片与枝梢。病斑多发生在果梗附近,果实未成熟时变为黑色。该病菌仅危害果皮,病部表皮组织枯死,但果肉仍继续生长。因此,病果发生龟裂,严重时造成落果。

叶片发病始于叶背,初为不规则形灰绿色病斑,后逐渐枯死,病斑脱落,形成穿孔,严重者可造成落叶。枝梢发病,病斑为暗绿色,隆起,流胶。它只危害表层,不深入内部。

【发病规律】 病菌以菌丝体在枝梢上越冬。次年 4～5 月份,产生分生孢子,借风雨传播,引起初次侵染。多雨或潮湿的环境,有利于分生孢子的传播。地势低洼和枝条郁闭的桃园,发病率较高。该病原菌在果实中的潜伏期为 40～70 天。早熟品种在未现症状时即已采收,只有晚熟品种才能现出明显的病症。

【防治方法】 秋冬清园,烧毁病枝,消灭越冬病源。加强夏季修剪,使树体通风透光。

实施药剂防治,萌芽前喷 5 波美度石硫合剂。南方地区在 4～5 月份,北方地区在 7～8 月份,每 15 天左右喷一次 500 倍液代森锰锌即可。

还有用糙米米醋进行防治。预防用糙米米醋 40～60 毫升稀释到 20 升;治疗用糙米米醋 60～100 毫升稀释到 20 升,每隔 3～5 天一次,日落后喷施,共喷施两三次。

(六)穿孔病

穿孔病是桃树主要病害之一,在桃产区发生普遍。穿孔病主要包括细菌性穿孔病、真菌性霉斑穿孔病和真菌性褐斑穿孔病。如不及时防治,都会引起叶片穿孔脱落,新梢枯死,果实发病,从而严重削弱树势,降低果品产量及质量。生产中,一些果农不能正确识别穿孔病的类型,经常出现盲目用药现象,导致投入大,浪费大,防效差,损失大。

【发病盛期】 7～8 月份发病严重。

【症　状】 三种穿孔病的症状区别,主要表现在叶片、枝梢、果实三个部位,可根据不同症状表现识别穿孔病种类(表8-1),并对症防治。

表 8-1　三种穿孔病叶部症状区别

穿孔病类型	病部颜色	病部外周形状	潮湿时分泌物
细菌穿孔病	浅褐色至红褐色	不整齐,有时残留坏死组织	叶背出现黄色菌脓
霉斑穿孔病	中部褐色,边缘紫色	整齐,不残留坏死组织	叶背出现污白色霉状物
褐斑穿孔病	中部褐色,边缘紫色,略带环纹	整齐,有明显坏死组织	两面出现灰色霉状物

【发病规律】 细菌性穿孔病 5 月份出现,7～8 月份发病严重。褐斑穿孔病和霉斑穿孔病主要侵害新梢叶片,低温多雨有利于病害发生。

【防治方法】 增施有机肥和磷、钾肥,增强树势;科学修剪,改善树体通风透光条件。清除园内落叶落果,剪除病枝。

早春桃树萌芽前喷 5 波美度石硫合剂;展叶后喷 65％蓝

焰 600～800 倍液,同时预防三种穿孔病的发生。

如果枝干病害较多,根据诊断结果选用不同的治疗性药剂。对褐斑穿孔病和霉斑穿孔病,应用 70% 纯品佳托 1 000 倍液,25% 倾止 4 000 倍液,5% 叶秀 1 500 倍液,进行防治;对细菌性穿孔病,应用 20% 速补 800～1 000 倍液进行防治。

在穿孔病初发期,根据症状诊断选用对症药剂进行防治。细菌性穿孔病可选用 20% 速补 800～1 000 倍液,或 72% 农用链霉素 3 000 倍液,硫酸链霉素 4 000 倍液;褐斑穿孔病和霉斑穿孔病可选用 70% 纯品佳托 1 000 倍液,或 25% 倾止 4 000 倍液,5% 叶秀 1 500 倍液,75% 好宁 700～800 倍液,进行防治;6 月份以后,也可用 12% 柔通 1 000 倍液喷雾防治。个别品种对柔通敏感,应先试后用。同时防治三种穿孔病,应连续使用三次,以达到较好的防治效果。

细菌穿孔病的有机防治,可用 500～700 倍木醋液或糙米醋预防,治疗时可用 300～500 倍木醋液或糙米醋进行喷治。

(七) 根 癌 病

桃树根癌病,又称根瘤病。发生普遍。近年各地均有加重趋势。

【症 状】 根系或根颈处发生球形、扁球形或不规则的癌瘤,少则 1～2 个,多则 10 余个。小者如豆粒,大者如核桃、拳头,甚至更大。其表面粗糙,凹凸不平,内部坚硬,表面组织易破裂腐烂,有腥臭味。老熟癌瘤脱落后,近处还可产生新的次生癌瘤。桃树感染根癌病后,侧根、须根减少,水分和养分的吸收和运输受阻,叶薄色黄,树势衰弱,结果少而小,严重时整株枯死。

【发病规律】 桃树根癌病属细菌性病害,其病原菌在癌组织皮层和土壤中可存活一年以上。果树根癌病主要危害根系,发病初期难以察觉,待地上部表现症状时,病菌已进入根内造成了危害,给及时防治增加了难度。

【防治方法】 新建桃园或设施栽培桃树,应尽量选用砂壤土或其他中性至微酸性土壤。对碱性土壤,可施用酸性肥料,逐步改变土壤酸碱度。

选用无病或抗病砧木嫁接的根系完整的优质苗木。栽植前用500倍甲基托布津,或多菌灵,或1%～2%硫酸铜液,或根癌宁,浸根10～20分钟,晾干后栽植,并使接口露出地面。

在深翻改土、增施有机肥的基础上,根据桃树生长发育特点,适时适量地进行追肥和叶面喷肥,注意补充微量元素,不用或少用多效唑和除草剂;适时浇水,及时排水。在深翻施肥、中耕除草和桃苗埋土、出土过程中,尽量避免或减少各种伤口的发生。同时要做好地下害虫、土壤线虫的防治,保护好根系和根颈。

要经常观察树体地上部生长状况,发现病株后应及时挖除病根,刮除癌瘤,用1%～2%硫酸铜液或石硫合剂渣涂抹消毒,并用100倍多菌灵灌根。病重而无法治疗恢复的病株,要拔除烧毁,并用100～200倍五氯酚钠(或农抗120),进行土壤消毒或更换新土。

(八)桃冠腐病

【症　状】 主要发生在桃树的根颈部,发病严重时枝梢生长缓慢,有时叶子皱缩或枯黄。根颈部表皮下陷,皮部变为褐色,有酒精气味。初期,病斑部相对应的地上部生长缓慢;严重时,病斑围绕根颈一周,翌年春季发芽时全株死亡。

【发病规律】 该病原为真菌的土壤习居菌,可在土壤中存活多年。以卵孢子在土壤中越冬,卵孢子萌发,产生孢子,直接侵染桃树。也可先形成游动孢子侵染,在土壤积水或水分处于饱和状态时,直接侵染皮层,通过伤口更易造成侵染。

【防治方法】 于春、秋季,对地上部有病状表现的树,将根颈处土壤扒开,刮去病斑及边缘至健康组织;同时,在伤口部涂上石硫合剂,涂后不埋土,进行晾晒。

地下水位高或积水的地区,要在树根周围直径 50 厘米左右处做土埂,或做土堆,浇水时使水不进入根的四周,以保持干燥。搞好桃园排水,及时检查和晾晒根颈,都有较好的防治效果。

三、虫害防治

(一)茶翅蝽

茶翅蝽,又名臭椿象,俗称臭大姐。

【形态特征】 成虫体长 15 毫米,宽 8 毫米,扁椭圆形。虫体灰褐色,略带紫红色。前胸背板小盾片和前翅革质部,有黑褐色刻点。前胸背板前缘有四个黄褐色圆点横列。腹部两侧各节均有一个黑斑(图 8-1)。

【危害症状】 幼果被害后出现流胶,果面凹凸不平,果肉木栓化,不堪食用,失去经济价值。

【发生规律】 茶翅蝽一年发生 1 代,以成虫在墙缝、石缝、草堆和房屋内等处越冬。成虫于 4 月下旬开始出蛰,先在发芽早的树上为害。从 5 月下旬开始,成虫陆续迁往桃园,刺吸桃果汁液。成虫产卵于叶片背面。从 6 月上旬至 8 月中旬,均可见到它的卵。从 7 月中旬开始出现新羽化的成虫,到

9月下旬至10月上旬,才陆续飞向越冬场所。

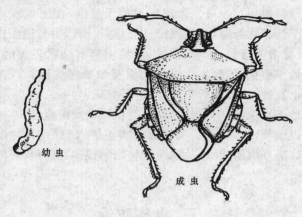

幼虫

成虫

图8-1 茶翅蝽

【防治方法】 于9~10月份成虫越冬时和春季出蛰前,在果园周围的房屋、向阳面的石墙等处收集越冬成虫,集中消灭。5~6月份,在成虫出蛰后及时喷药防治。喷药重点区域是房屋周围的果树。7~8月份,在若虫发生期和当年成虫发生期喷药防治。常用的药剂有:20%速灭杀丁2 000倍液,20%灭扫利2 000倍液。

(二)桃小食心虫

【形态特征】 成虫体灰白色或灰褐色。雌虫体长5~8毫米,翅展16~18毫米。雄虫略小。前翅前缘中部有一蓝色三角形大斑,翅基和中部有7簇黄褐或蓝褐色斜立鳞毛,后翅灰白色(图8-2)。

【危害症状】 初孵化幼虫,从萼洼附近或果实胴部蛀入果内,蛀入孔流出透明的水珠状果胶滴,数日后果胶滴干为白色粉状物,随着果实长大,虫孔愈合成针尖大小的小黑点,周围稍凹陷,呈青绿色。幼虫蛀入后,在果内纵横串食或直入果心蛀食。早期危害严重时,果实变形,表面凹凸不平,俗称猴头果。被害果实渐变黄色,果肉僵硬,俗称黄病;果实近成熟期被害,一般果形不变,但果内虫道充满大量虫粪,俗称豆沙馅。幼虫老熟后,在果面咬一直径为 2~3 毫米的圆形脱果孔,虫果容易脱落。

【**发生规律**】　桃园春季的虫源主要来自前一年取食落地的果实。新一年的成虫羽化后,成虫产卵多在果萼洼处。卵孵化后,幼虫即直接蛀食进入水果内,串食果肉。它先取食李,接着转移到桃、苹果和梨等水果上。夏季主要集中在苹果、山楂上。

桃小食心虫只取食接近成熟的和成熟的水果,10~20 天后,成熟幼虫钻出烂果,进入土中化蛹,一般入土 3 厘深左右,10~20 天后蛹羽化为成虫,钻出土层继续为害。

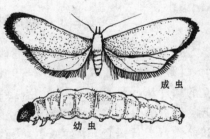

图 8-2　桃小食心虫

桃小食心虫具有极强的繁殖能力,一年可发生 3 代,雌虫在一个果上产卵 20~30 粒。所以,如果不对桃小食心虫进行重点防治,其危害后果不堪设想。

【**防治方法**】　深埋虫害果、落果和烂果。果实是桃小食心虫幼虫的聚集场所,要深埋在土中,深度不浅于 30 厘米。还应清除村头屋后管理粗放或野生的果树。

用 ME 性诱剂制作诱杀瓶,进行诱杀。具体的制作方法是,取一个矿泉水瓶,在瓶体上方1/3处对开两个2平方厘米的口子,在瓶盖上打一个可容一根铁丝或绳子通过的小洞,在瓶底倒入5厘米深的水,上滴2～3滴食用油。然后把装有2毫升ME性诱剂的小瓶,用铁丝或绳子通过矿泉水瓶盖挂在开口下方,即成为ME性诱剂诱杀瓶。使用时,把诱杀瓶挂在离地面1米以上的果树枝条上,在ME性诱剂小瓶上剪开一个小口,诱杀成虫。

用3％红糖水敌百虫液喷布树冠,连喷3～4次,在成虫取食红糖时,即可被毒杀。不可用残效期长或剧毒的杀虫剂。桃树挂果后,经常翻动果园土壤,可杀死部分虫蛹。

果实套袋是一种主动防治桃小食心虫危害的有效措施,应认真坚持实行。

(三)黄斑卷叶蛾

黄斑卷叶蛾,又称黄斑卡翅卷蛾。

【形态特征】 成虫体长7～9毫米,翅面无斑纹,仅有竖立的鳞片丛。夏型成虫橘黄色,冬型成虫灰褐色或棕褐色。低龄幼虫的头和前胸背板漆黑色,身体黄绿色。老熟幼虫头和前胸背板黄褐色,体黄绿色,长约22毫米。臀栉5～7个(图8-3)。

【危害症状】 黄斑卷叶蛾,是危害桃树的常见卷叶害虫。幼虫吐丝缀合几个幼叶或叶片,藏身其中取食。一般不危害果实。

【发生规律】 黄斑卷蛾在我国一年发生3～4代,以冬型成虫在果园的落叶、杂草和山坡的砖石缝隙中越冬。翌年3月份,越冬成虫开始出蛰,4月份开始产卵。第一代幼虫发生期在4月下旬至5月中旬,幼虫吐丝缀叶,在其中取食。幼虫

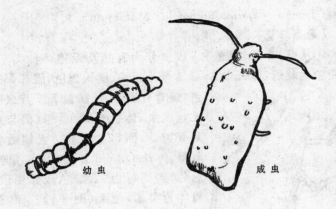

幼虫   成虫

图 8-3 黄斑卷叶蛾

不太活泼,有转移为害的习性。

老熟幼虫大多转移到新卷叶内化蛹。第一代成虫发生期在 6 月中旬,第二代成虫发生期在 7 月下旬,第三代和第四代成虫发生期分别在 9 月上中旬和 10 月中下旬。最后一代为越冬型成虫,10 月份以后开始越冬。

【防治方法】 清除桃树落叶和桃园杂草,消灭在此越冬的大部分成虫。

在幼树园,可人工捕杀幼虫。越冬代幼虫出蛰盛期和第一代幼虫孵化盛期,是药剂防治的重点。以后各代可结合防治其他害虫时兼治。主要药剂有:40.7%乐斯本乳油 2 000～3 000 倍液,2.5%功夫或杀灭菊酯 3 000 倍液,用以进行喷雾防治。

(四) 蚜 虫

危害桃树的蚜虫主要有三种,即桃蚜〔*Myzus persicae* (Sulzer)〕、桃粉蚜(*Hyaloptera amygdali* Blanchard.)和桃

瘤蚜（*Trichosiphoniel lamomonis* Matsumura.）。

【形态特征】

①**桃蚜（赤蚜、烟蚜）** 成虫分为有翅及无翅两种类型。有翅胎生雌蚜，体长 1.6～2.1 毫米。头、胸为黑色，腹部深褐色，腹背有黑斑，额瘤显著。若虫似无翅成虫，体色有绿、黄绿、褐与赤褐等类型，因寄主而异。无翅胎生雌蚜，体长 1.4～2.0 毫米，头、胸部黑色，腹部绿色、黄绿色或赤褐色。身体为梨形，肥大（图 8-4）。卵，散产或数粒产在一起，产于枝梢、芽腋、小枝杈及枝条的缝隙等处；长圆形；径长约 0.7 毫米；初产时绿色；后变为黑色，有光泽。

图 8-4 桃 蚜

②**桃粉蚜** 有翅成虫体长 1.5 毫米，头胸部淡黑色，腹部黄绿色。无翅成虫（图 8-5）略大于有翅成虫，体长约 2.0 毫米，体绿色，复眼红色。其最大特点是体表披有蜡状白粉，区别于其他蚜虫。若虫淡黄绿色，体上白粉较少。卵椭圆形，初产出时为黄绿色，近孵化时变为黑色，有光泽。

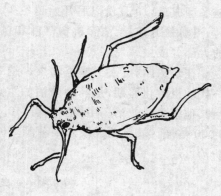

图 8-5 桃粉蚜

③**桃瘤蚜** 有翅成虫(图 8-6)体长 1.8 毫米,淡黄褐色。无翅成虫体较肥大,体长 2.1 毫米,深绿或黄褐色,长椭圆形,颈部黑色。若虫与无翅成虫相似,体较小,淡绿色。卵椭圆形,黑色,有光泽。

【危害症状】 桃蚜与桃粉蚜以成虫或若虫群集叶背吸食汁液,也有群集于嫩梢先端为害的。桃粉蚜为害时叶背布满白粉,易诱发真病。被桃蚜危害的嫩叶发生皱缩扭曲。

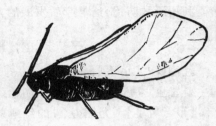

图 8-6 桃瘤蚜

被害树当年枝梢的生长和果实的发育都会受到不利影响。危害严重时,影响次年开花结果。桃瘤蚜对嫩叶和老叶均有危害,被害叶的叶缘向背面纵卷,卷曲处组织增厚,凹凸不平,初为淡绿色,渐变为紫红色,严重时全叶卷曲。

【发生规律】 蚜虫在北方地区一年发生 10 余代,在南方地区一年可发生 20 余代。以卵在桃树枝条间隙及芽腋中越冬。3 月中下旬,开始行孤雌胎生繁殖,新梢展叶后开始为害。繁殖几代后,于 5 月份开始产生有翅成虫,6～7 月份飞迁至第二寄主(夏寄主),如烟草、马铃薯等植物上。9 月份左右,又产生大量有翅成虫,迁飞到白菜和萝卜等蔬菜上为害。到 10 月份,该虫再飞回桃树上产卵越冬。有一部分成虫或若虫在夏寄主上越冬。

【防治方法】 清园,除尽杂草及剪下的枝条;消灭越冬虫与卵。

展叶前后喷布菊酯类农药3 000倍液,或杀螟松1 000倍液等,都有较好的效果。喷药次数应根据虫情而定,一般喷药1~2次即可控制。

另外,还可利用天敌,如瓢虫、草青蛉和蚜茧蜂等进行防治。利用天敌防治,这是今后发展的方向。

(五) 红 蜘 蛛

红蜘蛛(*Tetranychus viennensis* Zacher.),是危害桃树的主要害虫之一,应当认真加以防治。

【形态特征】 危害桃树的红蜘蛛,多数为山楂红蜘蛛。其体形为椭圆形(图8-7),背部隆起,越冬雌虫为鲜红色,有光泽。夏季,雌虫为深红色,背面两侧有黑色斑纹。卵为球形,淡红色或黄白色。

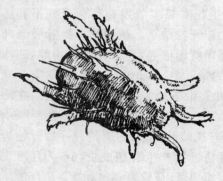

图8-7 红蜘蛛

【危害症状】 山楂红蜘蛛常群集叶背为害,并吐丝拉网(雄虫无此习性)。早春出蛰后,雌虫集中在桃树内膛枝为害,造成局部受害现象。第一代虫出现后,向树冠外围扩散。被害叶的叶面先出现黄点,随着虫口的增多而扩大成片,被害严重时叶片焦枯脱落。有时7~8月份出现大量落叶,影响树势及花芽分化。

【发生规律】 山楂红蜘蛛以受精的雌虫,在枝干树皮的裂缝中及靠近树干基部的土缝里越冬。在大发生的年份,还可潜藏在落叶、枯草或土块下面越冬。每年发生代数,因各地气候不同而异。一般为 3～9 代。当平均气温达到 9℃～10℃时即出蛰。此时芽露出绿顶。出蛰约 40 天,即开始产卵,7～8 月间繁殖最快,8～10 月份产生越冬成虫。越冬雌虫出现的早晚,与树体受害程度有关。受害严重时,7 月下旬即可产生越冬成虫。危害期大致为 4～10 月份。

【防治方法】 深翻地,早春刮树皮,消灭越冬成虫。

防治红蜘蛛的药剂很多。若使用石硫合剂,萌芽期用1～3 波美度,生长期用 0.3 波美度。喷施 50% 的三硫磷乳剂 3 000～4 000 倍液,也有良好的杀灭效果。

(六)桃象鼻虫

桃象鼻虫,又名桃虎。

【形态特征】 成虫连吻体长 10 毫米左右,暗紫红色,有金属光泽。头向前伸出似象鼻状的头管(吻),向下弯曲(图8-8)。卵椭圆形,乳白色。幼虫乳黄色,体略弯曲。身体各节背面多横纹,足退化。蛹体淡黄,尾端有刺毛一对。

【危害症状】 成虫危害花、果实及嫩芽。产卵时,以口吻在果上咬一小孔,产卵其中。它咬果柄,造成落果。幼虫在果内孵化后即进行危害,使受害幼果干腐脱落。每条虫可危害果实 10 余

图 8-8 桃象鼻虫

个。危害严重时,桃树花瓣、嫩叶被食光,妨碍开花、结果和抽

生新梢。

【发生规律】 该虫一年发生 1 代。以幼虫或成虫在树干周围土壤中越冬,少数在被害果实中越冬。越冬成虫于 4 月份花期前出蛰活动,不久后产卵,卵期为 9～14 天。幼虫孵出后,危害花冠、叶片及幼果,经过 1 个月左右,于 5 月下旬至 6 月上旬入土,9 月中下旬化蛹,10 月份羽化后仍留在土中,至次年春天出土为害。

【防治方法】 利用其成虫的假死性,在 4 月份于清晨露水未干前,摇动树枝,使其掉入制作的兜内,将其集中杀死。

冬初深翻地,也能杀死部分越冬虫。用 90% 敌百虫600～800 倍液,在 5 月下旬至 6 月上旬喷布 1～2 次,对该虫有良好的防治效果。

拾捡落果,用水浸泡,杀死其中的幼虫。

(七)桃小绿叶蝉

桃小绿叶蝉,又称桃一点斑叶蝉、桃浮尘子。

【形态特征】 成虫体长 3～4 毫米,全体淡绿色。头部中央有一小黑点,胸部背板有 3 个黑斑。翅半透明,白色微带绿(图 8-9)。卵长椭圆形,一端稍尖,长约 0.8 毫米。若虫身体黄绿色,形状似成虫,无翅,若虫共 5 龄。

【危害症状】 若虫及成虫在叶片背面刺吸汁液,在蕾、芽期危害嫩叶、花萼和花瓣。落花后,集中危害叶片。初期,叶片出现分散的失绿小白点,严重时全叶变成苍白色,引起早期落花,妨碍树体生长及花芽分化。

【发生规律】 该虫一年可发生 4～5 代。成虫在落叶、杂草和附近的常绿树丛中越冬。次年 3～4 月份开始出蛰,产卵在叶背主脉组织内。5 月上旬,出现第一代若虫,若虫期为

20天左右。6月份出现第一代成虫。至
10月间,成虫开始飞离桃树,潜伏越冬。

【防治方法】 在秋冬季搞好清园,消
灭越冬成虫。桃展叶初期,喷布50%马拉
硫磷,喷药时连同周边杂草、苗木一同喷
布,将越冬成虫消灭在产卵之前。5～9月
间根据虫情,在若虫盛发期喷上述药液,
可消灭若虫。

(八)军配虫

军配虫,又名梨冠网蝽。

图 8-9　桃小绿
叶蝉

【形态特征】 成虫体长约3.5毫米,
体扁平,翅宽,黑褐色。前胸两侧有两片环状突起,后翅膜质,
呈半透明网状(图 8-10)。若虫初孵化时为白色透明,体长
0.7毫米,几小时后变为淡绿色,
形似成虫,渐成淡褐色,体长达
2.0毫米左右。3龄后出现翅
芽。卵椭圆形,淡黄色,透明,一
端稍弯曲,长约0.6毫米,产于
叶肉内。从叶背上看,可见一黑
色小斑点,即卵的开口处。

【危害症状】 以成虫及若
虫群集叶背,吸食汁液。受害叶
片上密布小白点,失绿,严重者
呈苍白色。叶背常有大量的黑
褐色虫粪和黄色黏液,引起早落
叶,影响树势、产量和花芽分化。

图 8-10　军配虫

【**发生规律**】 该虫一年发生 3～5 代。成虫在落叶、树皮缝隙、杂草、灌木丛和土块、石缝中越冬。次年展叶后,群集叶背吸食汁液,并在叶肉中产卵。常数十粒卵集中产在一处,有黄褐色黏液覆盖,卵期约 15 天。第一代若虫于 5 月中下旬盛发,以后世代重叠。以第三至第四代危害最重。因为此时高温干燥的气候有利于它的繁殖。9 月下旬开始越冬。

【**防治方法**】 重点是消灭越冬成虫和第一代若虫。以后世代交错,难于彻底防治。

进行清园和深翻地,有利于消灭越冬成虫。喷施马拉松能防治其若虫。

（九）刺　蛾

刺蛾,又称毛毛虫。危害桃树的刺蛾,主要有褐刺蛾、青刺蛾和扁刺蛾三种。

【**形态特征**】

①褐刺蛾(*Thosea postornata* Hampsou.),幼虫体长 33 毫米左右。黄绿色,背线、侧线为天蓝色,亚背线为红色。各节均有刺毛丛和两对小黑点。成虫体长 15 毫米左右,灰褐色。卵扁平,椭圆形,为黄色。茧长 15 毫米左右,鸟蛋状,淡灰褐色,在树冠下土中结茧越冬。

②青刺蛾(*Parasa consocia* Walker.),又名四点刺蛾。幼幼虫体长 21～27 毫米,淡绿色,背线、侧线墨绿色,腹部第九、第十节各有黑色绒球状斑点两个,背线两侧各节有蓝色小点。前胸及腹部第八、第九节只有一对小点,其余各节有两对。各节生四个刺突,上生刺毛。成虫体长 10～19 毫米(图 8-11)。前翅黄绿色,肩角褐色,近外缘有黄色阔带,带的内外边有褐色绒纹各一条,后翅淡黄色。卵扁平,栗褐色。该虫有在树干

上结茧的习性。

图 8-11　青刺蛾成虫

③**扁刺蛾**(*Thoseasinensis* Walker.)，又名黑点刺蛾。幼虫体长约 24 毫米。扁平，长椭圆形，淡鲜绿色，各节横向着生四个刺突，背面中央近前方的两侧各有红点一个。成虫体长 10～18 毫米，前翅浅灰色，前缘近 2/3 处到内缘，有褐色横向联合纹一条(图 8-12)。雄蛾翅中至末端有一黑点；后翅淡黄色，卵扁平，长椭圆形，背面有隆起。茧长约 14 毫米，鸟蛋状，淡黑褐色。在植株附近土中结茧越冬。

【危害症状】　幼虫在叶背取食叶肉，残留上表皮，使之呈透明膜状。成虫吃食叶片，仅留叶柄及叶脉，严重发生时，叶片全部被食光。

【发生规律】　该虫一年可发生两代。第一代在 6 月份发生，扁刺蛾可提早半个月左右发生。7 月下旬开始为害，至 8 月中下旬或 9 月份再次进入土中或树枝上，结茧越冬。

【防治方法】　进行冬耕。

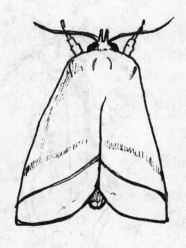

图 8-12　扁刺蛾成虫

修剪时铲除虫茧。幼虫盛发时，用 90％敌百虫 2 000 倍液的菊酯类,进行喷杀。要掌握虫情,以 3 龄前喷杀效果最好。

(十)红颈天牛

红颈天牛(*Aromia bungii* Fald.),也是桃标准化生产中需要认真防治的桃树害虫。

【形态特征】　成虫体长 28～37 毫米。全体黑色,有光泽。前胸为棕红色,如红颈,故称为红颈天牛(图 8-13)。两侧有刺突。雄虫触角比身体长,雌虫触角与身体等长。卵为乳白色,状似米粒。幼虫体长达 50 毫米,幼龄时为乳白色,老熟后稍带黄色。前胸背板扁平,为方形。蛹为淡黄色,前胸及两侧各有一突起。

【危害症状】　幼虫蛀食树干。初期在皮下蛀食,逐渐向木质部深入,蛀成纵横的虫道,深达树干中心,上下穿食,并排出木屑状粪便于虫道外,堆积在根颈周围。受害的枝干,发生流胶,生长衰弱。当虫道环绕树干

幼虫

成虫

图 8-13　红颈天牛

皮下一周时,桃树便枯死。

【发生规律】 幼虫在树干的虫道内蛀食两三年,老熟后在虫道内做茧化蛹。成虫在 6 月间开始羽化,中午多静息在枝干上。交尾后,产卵于树干或骨干大枝基部的缝隙中。卵经 10 天左右,孵化成幼虫,在皮下为害,以后逐渐深入到木质部。

【防治方法】 于成虫产卵前,在树干及大枝上涂刷白涂剂,或石硫合剂药渣,防止成虫产卵其上。白涂剂用生石灰 5 千克,硫黄粉 0.25 千克,食盐 100 克,兽油 100 克,水适量,调匀而成。成虫羽化时,可于中午组织人力捕杀成虫。

7~9 月份,在树皮裂缝处挖杀刚孵化不久的幼虫。当幼虫已蛀入树干后,用杀虫药液制成的药泥或药棉,堵塞排粪孔,或挖出粪屑后用高压枪射入药液,都可奏效。

3 月下旬至 10 月份,用高压触杀灯(黑光灯 + 高压电网)进行诱杀,安装高度为 1.5~1.75 米。

桃园发现红颈天牛后,必须及时防治,否则几年后会造成全园衰败。

(十一)桃介壳虫

桃介壳虫,又名桑白蚧(*Pseudaulacaspis pentagona Targ.*),是桃树生产中要认真防治的桃树害虫。

【形态特征】 雌成虫体长 1.3 毫米左右,无翅,橙黄色或橘红色,宽卵圆形,触角瘤状。其介壳圆形或椭圆形,灰白色,近中央有橙黄点。雄虫体长约 7.0 毫米,前翅膜质,透明。有触角 10 节,生有毛。介壳白色,长扁筒形,背部有三条纵脊,壳点黄色,位于前端。卵为椭圆形,长约 0.3 毫米,橙黄色。若虫扁椭圆形,橙黄色,体长约 0.3 毫米,有足三对,能爬行。

蛹仅雄虫有,为裸蛹,橙黄色。

【危害症状】 以雌成虫和若虫群集固着在二年生枝条上,吸食枝内养分,二三年生枝上数量最多。严重时整个枝条为虫覆盖,甚至重叠成层,引起枝条的凹凸不平。其分泌的白蜡质物覆满枝条,好像涂白一般。被害枝发育不良,严重时整枝枯死,以至全株死亡。

【发生规律】 此虫一年发生的代数因地而异。广东一年可发生 5 代,浙江发生 3 代,北方地区发生两代。以受精的雌虫在枝干上越冬。越冬雌虫于次年 5 月份产卵,卵产在壳下,每虫可产卵 40～400 粒。卵期约 15 天。

若虫孵出后,爬出母壳,在 2～5 年生枝上固定位置,吸食汁液。5～7 天后,开始分泌毛蜡。若虫期为 40～45 天。成虫羽化后交尾。交尾后雄虫死亡。雌虫于 7 月中下旬至 8 月上旬产卵。每头雌虫可产卵 50 粒。卵期 10 天左右。孵化后的若虫于 8 月中旬至 9 月上旬羽化。受精雌虫在枝上越冬。

【防治方法】 重点抓好休眠期防治。冬季结合清园,翻树盘,消灭桃介壳虫的卵囊。

在桃树萌芽前,喷布 5 波美度石硫合剂,或 5％柴油乳剂,消灭在枝干上越冬的桃介壳虫雌虫,或桃球坚介壳虫的若虫。喷布要均匀周到,作淋浴式喷布。

抓紧在生长期防治。防治桃介壳虫,可在 2 月初若虫出土前,在树干基部 10 厘米高的位置设置粘虫胶环,阻止若虫上树。每天上午,用刷子把粘在胶环上的虫体刷掉。此方法效果很好。粘虫胶可用废机油或柴油 1 千克,加热后加入0.5 千克松香粉,溶解后即可使用。废机油内往往掺有汽油,能引起树皮腐烂。使用时,可在树干上先绑上塑料布,然后再涂抹粘虫胶,可避免伤害。

另外,雌虫下树产卵前,可在树干周围先挖几个坑,坑内放入树叶或杂草,诱集成虫聚集产卵,然后将其烧毁,其效果也很好。

喷药防治,要掌握好时机,在若虫孵化后,未形成介壳前,及时喷布 0.3 波美度石硫合剂,或 50% 马拉松乳油 1 000 倍液,或 50% 辛硫磷乳剂 1 000 倍液,杀灭效果均好。这是用药防治的关键时机,但这个时机仅几天时间,不可错过,一旦蜕皮形成介壳后,因有蜡质保护,药剂便很难奏效。

防治介壳虫,要特别注意保护天敌,避免喷洒广谱性农药,特别是菊酯类和有机磷类农药。喷药时间,不要安排在瓢虫孵化盛期和幼虫时期。另外,也可从瓢虫多的树上进行捕捉,然后进行助迁,把捕捉到的瓢虫,放到有介壳虫的树上,以虫治虫。

(十二)桃蛀螟

桃蛀螟(*Dichicrocis punctiferalis* Guen.),对桃果危害较严重,应认真加以防治。

【形态特征】 成虫体长约 12 毫米,翅展 22～25 毫米,橙黄色。前翅有黑色斑点 20 余个,后翅有黑色斑点 10 余个(图8-14)。卵椭圆形,初期为乳白色,孵化前变为红褐色。幼虫体长 22 毫米,头颈暗褐色,背面淡红色,身体各节有淡褐色斑点数个。蛹长 13 毫米左右,褐色,腹部末端有卷曲臀刺 6 个。

【危害症状】 以幼虫蛀食果实。卵产于两果之间或果叶连接处。幼虫孵化后,即从果实肩部或两果连接处蛀入果内。一果可蛀入 1～2 条幼虫,严重的可达 8～9 条之多。幼虫有转果蛀食的习性。被害果实由蛀孔分泌黄褐色透明胶汁,幼虫排出粪便粘在蛀孔周围。危害严重时,即俗云"十桃九蛀"

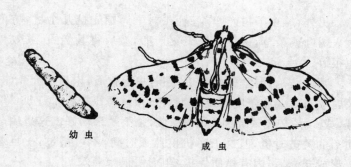

幼虫   成虫

图 8-14　桃蛀螟

时,会造成落果减产。

【**发生规律**】　该虫在我国南方地区,一年发生 4～5 代,在北方地区一年发生 2～3 代。以老熟的幼虫在向日葵花盘与茎秆,或玉米、高粱等多种作物的残体中做茧越冬。次年 4月份化蛹,蛹期约 8 天。5 月份羽化为成虫。此后,分别于 6月下旬、8 月上旬和 9 月上旬至 10 月上中旬(南方),各发生一次。随后,以幼虫陆续开始越冬。若桃园附近有玉米、高粱和向日葵等作物时,自第二代就转移为害。幼虫期为 15～20天。老熟后在果间、果枝间结茧,经蛹期 8 天左右,羽化为成虫。成虫在果间和果叶间产卵,也可转移到向日葵花盘或高粱穗上产卵。卵期 6～8 天,幼虫孵化后继续为害。

【**防治方法**】　冬季处理向日葵、玉米与高粱等作物秸秆,消灭越冬成虫。

在越冬代(第一代)成虫出现前,及时套袋保护果实。

在各成虫羽化产卵期,喷药 1～2 次。喷用 20％速灭杀丁乳油 3 000 倍液,或 50％杀螟松乳剂 1 000 倍液,2.5％溴氰菊酯 5 000 倍液,均可收到良好的防治效果。

3 月下旬至 10 月份,可用高压触杀灯(黑光灯 ＋ 高压电网)进行诱杀。

(十三)梨小食心虫

梨小食心虫(*Grapholitha molesta* Busck.),又名桃折梢虫。

【形态特征】 成虫体长约 6 毫米,暗褐色,杂有白色鳞片。前翅前缘约有 10 个白色短斜纹。卵扁圆形,乳白色,半透明,孵化前 1~2 天出现黑心。幼虫体长 10 毫米左右,前胸背板及臀板都是褐色,体色桃红。蛹长约 7 毫米,黄褐色,表面光泽,尾端有 7~8 根尾刺。

【危害症状】 梨小食心虫在梨树和苹果树上主要危害果实,对桃树主要危害新梢。危害桃树新梢时,从新梢未木质化的顶部蛀入,向下部蛀食。此时,树梢外部有胶汁及粪屑排出,嫩梢顶部枯萎。当蛀到新梢木质化部分时,即从梢中爬出,转移至另一嫩梢上为害。严重时,造成大量新梢折心,萌生二次枝。

【发生规律】 该虫在华北地区每年发生 3~4 代,华南地区一年可发生 6~7 代。以老熟幼虫在树皮缝隙内结茧越冬。次年 4 月份化蛹,蛹期为 11~14 天。羽化为成虫后在桃叶上产卵,一雌虫可产卵 20 粒。第一代幼虫主要危害桃的新梢,有时也危害苹果新梢。以后各代主要危害梨及苹果果实,有时也蛀食桃果。幼虫期为 13~17 天。在北方地区,该虫于 9 月份开始越冬。在南方地区,该虫可延迟到 11 月上中旬才陆续开始越冬。

【防治方法】 在 4 月中旬至 5 月上中旬,在桃树上喷布菊酯类药剂和杀螟松乳剂 1 000 倍液,可抑制第一、第二代幼虫的危害。

6月份以后,在桃树上喷布菊酯类药剂或50%杀螟松1 000倍液,消灭该虫。因该害虫蛀食嫩枝或果肉,故喷药一定要适时。只有掌握在未蛀入果实前喷药防治,才能收到好的效果。

也可进行有机防治,用诱光灯触杀,剪除被害新梢。

(十四)桃潜叶蛾

桃潜叶蛾(*Lyonetia clerkella* L.),同样要对它加以认真的防治。

【形态特征】 成虫体长3~4毫米,翅展7~8毫米,体白色。前翅白色,有长缘毛,中室端部有一椭圆的黄褐斑。从前缘到后缘的两条黑色斜线,在末端汇合,外面有一三角形褐斑。前缘缘毛在斑前形成3条黑线,斑后有黑色缘毛,形成两条长缘毛黑线。斑的端部缘毛上有一黑点及一撮黑色的尖毛簇。后翅灰色。触角长于前翅。卵乳白色,圆形。幼虫体长约6毫米,头小,扁平,淡褐色;胸部和身体稍扁;有胸足3对,黑褐色。蛹长约3毫米,腹部末端有两个圆锥形突起,顶部各有两根毛。

【危害症状】 桃潜叶蛾主要危害桃、杏、李和毛樱桃,也危害苹果和梨。幼虫潜入叶肉为害,在叶肉内食成隧道,叶片表皮不破裂,形成白色弯曲的食痕。危害严重时,叶片枯黄,造成早期落叶。

【发生规律】 该虫以蛹在被害叶片上结茧越冬。4月中下旬羽化,展叶前后开始产卵在叶上。幼虫孵化后即潜入叶肉内为害。每年4~9月份,可发生6~7代。9月份即开始化蛹越冬。

【防治方法】 由于该虫潜入叶内为害,在防治上主要应抓住越冬期及成虫期进行防治。必须设置诱光灯。在冬季清扫落叶,予以集中烧毁,消灭越冬的蛹。4月中下旬为成虫第二代羽化期,应及时喷布25%的灭幼脲3号1500倍液,或菊酯类药剂两次,可有效消灭越冬第一代成虫。7月中旬后,于成虫羽化盛期进行喷药防治,防治效果也不错。

(十五)美国白蛾

美国白蛾,原产于美国,故得名。1997年,在我国首次发现有美国白蛾。由于该虫危害性大,因此它是国内外的重要检疫对象。

【形态特征】 成虫体白色,体长12~15毫米,雄虫触角双栉齿状,前翅上有几个褐色斑点。雌虫触角锯齿状,前翅纯白色。幼虫体色变化较大,根据头部色泽为红头型和黑头型两类(图8-15)。蛹长纺锤形,暗红褐色,由稀疏的丝混杂幼虫体毛组成。卵球形,淡黄绿色至灰褐色。

幼虫　　　　　　　　　成虫

图 8-15　美国白蛾

【危害症状】 美国白蛾在我国一年发生2代。以蛹越冬,越冬部位为枯根、落叶、墙缝、表土层和树洞等地。来年5月上旬,成虫出现。第一代幼虫发生盛期为7月中下旬;第二代幼虫发生期为8月中旬至9月中旬。成虫多在每日17~23时羽化,清晨交尾。随后产卵。卵期约为7天。幼虫孵化后不久,即吐丝结网,群集网内取食叶片。叶片食尽后,幼虫移至别处枝杈和嫩枝上织新网,继续为害。五龄幼虫出网分散为害,严重时将整株桃树叶片吃光。幼虫期为 35～42 天。幼虫老熟后,下树结茧,化蛹越冬。

【防治方法】 利用黑光灯诱杀,安装高度为 1.5～1.75 米。保护益鸟和益虫,如瓢虫、草蛉、赤眼蜂、蛙、喜鹊和大山雀等,对美国白蛾进行生物防治。在幼虫为害初期,可喷 50％敌敌畏 1 500 倍液,或 50％马拉硫磷 1 000 倍液,50％辛硫磷 2 000 倍液,防治该害虫。

四、农药使用

(一)天然杀虫、杀菌剂的
制作及使用方法

1. 糙米醋

(1)特 性 用糙米酿酒之后再发酵的制品。在制作过程中没有使用任何化学药品、添加剂、色素和防腐剂,是天然制剂,100％的酿造食醋。它起杀菌作用,也有杀虫效果(避忌作用)。

(2)制作方法 将糙米煮熟,放凉后加入酵母,放置两天,加入相同体积的水,存放半个月。然后再放入相同体积的食醋,静置半年即可。

(3)使用方法 喷叶面肥 ＋ 水 20 升 ＋ 糙米醋 40～80 毫升(预防时 40～80 毫升,治疗时 60～80 毫升)。上午 10 时之前和傍晚施用为好,不能在酷热的白天施用。过了水果的着色期以后,不宜使用浓度很高的糙米醋。

2. 木 醋 液

木醋液是在烧炭的时候所产生的副产品。它含有多种有效成分(为 200～250 种),但是其中的大部分是微量成分,起作用的成分只有数十种。木醋液的性状如表 8-2,表 8-3,表 8-4 所示。

表 8-2　木醋液的质量与材料的关系

使用的锅	原 料	温度条件(15℃)		酸度(%)	pH 值	颜 色
		黏液比重 (g/cm³)	波美度			
黑炭锅	阔叶树	1.015	2.1	3～6	3.1	淡紫色或紫褐色,透明
黑炭锅	针叶树	1.03	4.1	1.5～3	3.1	
黑炭锅	橡树	1.01	1.4	3～4	3.1	
白炭锅	阔叶树	1.02	2.7	5～7	3.1	
白炭锅	阔叶树	1.035	4.7	7～18	3.1	
干类锅	针叶树	1.025	3.4	3.5～9	3.1	
平 锅	锯末树皮	1.01	1.4	3～6	3.1	
锯末锅	机械锯末	1.03	4.1	3～6	3.1	

表 8-3　木醋液里有机物的含有比率

比 率	不同树种原料木醋				
	红松	橡树	落叶松	侧柏	桉树
有机物(%)	8.1	16.2	18.1	6.4	28.8
水分(%)	91.9	83.8	81.9	93.6	71.2

表 8-4　木醋液中主要酸的含量　（％）

相对于甲烷的保持比率	所含酸类	不同树种原料木酯				
		红松	橡树	落叶松	侧柏	桉树
3.2	醋　酸	48.1	49.3	9.4	55.6	27.1
3.9	丙烯酸	2.7	5.6	1.0	2.7	3.6
4.6	丁烯酸	0.1	0.9	0.2	0.8	0.8
5.8	巴豆酸（火山灰）	0.2	0.2	0.1	0.3	0.4
6.4	2-烯酸	0.3	0.2		0.2	0.2
合计		51.4	56.2	10.8	59.6	32.1

（1）木醋液的特性　水分占 80％～90％，有机物占 10％～20％。有强力的杀菌作用；对害虫有着强烈的避忌作用；也会对土壤起杀菌作用；可解除厕所和养畜场的臭味。

（2）木醋液的使用方法　首先在大桶里倒进木醋液，再将粉碎蒜 5 千克、洋葱 5 千克和辣椒 1 千克，一起放进木醋液里。过 6 个月之后再使用。使用时的调配浓度如下：

预防时：水 20 升 ＋ 木醋液 40～60 毫升。

治疗时：水 2 升 ＋ 木醋液 60～100 毫升。

灌注土壤：水 20 升 ＋ 木醋液 100 毫升。

土壤消毒：水 20 升 ＋ 木醋液 200～400 毫升。

治疗果树病斑：使用原液。

原则上在早晨或傍晚时叶面喷施。

3. 大　蒜

人类使用蒜的历史较悠久，用于农业生产的时间也相对较长。

（1）主要药效成分　蒜的主要药性成分是蒜氨酸和酶。

蒜的特殊气味主要来自这些成分,这些成分还起杀菌和抗菌作用。

(2)杀菌能力 把蒜的主要成分蒜氨酸稀释 12 万倍,可杀死赤痢菌、霍乱菌、感冒菌和流行性感冒的病毒,甚至能杀死结核菌,可见蒜有很强的杀菌能力。

(3)避忌效果 在果树树冠周围种大蒜时,土壤深处也不会招虫。喷施蒜液可以防治害虫。

(4)使用蒜汁 蒜汁可以用于发酵木醋液;有蚜虫、浮尘子与鸟类的危害时,可以使用蒜汁喷杀或驱避。

4. 杀虫中药材

(1)原料植物

①**叶类能杀虫的植物** 有蒲公英、梧桐叶、无花果叶、茼蒿、山草叶、银杏叶、茜草、当归、鱼腥草、金盏花、烟草、果花、喇叭花、麻醉木、金莲花、决明子、沙参和百叶草等。

②**果实能杀虫的植物** 有银杏、辣椒和决明子等。

③**根类能杀虫的植物** 有蒲公英、蒜、洋葱、天南星和苦参等。

④**其他能杀虫的植物** 如大黄、草乌等。

⑤**仙人掌类** 有仙人掌和仙人球。

⑥**香草类** 有薄荷、鱼腥草、山百草、狗尾草、熏衣草、百里香、迷迭香、安息香、天竺葵、酸橙、桉树、茶花、香柏、凤梨、柠檬草、胡椒、醉鱼草和茴香等。

⑦**避忌剂类** 有各种药草种类,如万寿菊、蒜、洋葱、辣椒、当归、天公、大波斯菊、决明子叶、薄荷、鱼腥草、山百草、山草树、沙参和银杏叶等。

(2)中药材杀虫、杀菌剂的制作

①**材料** 原料植物 100 千克,红糖 30～50 千克,绿洲酵

素 4 号 2 千克, 水 100 升。

②**制作方法** 将以上材料切成长 5～10 厘米的碎料, 与红糖和酵素一起混合, 放进水缸或水桶, 倒入水和匀。用布盖好缸口, 再用橡皮筋扎紧。过 40～60 天发酵之后, 挤出水来, 把液体保管在阴凉的地方待用。这就是杀虫、杀菌剂。

(3) **使用方法** 叶面喷洒, 预防时, 用水 20 升 + 杀菌剂 40～50 毫升; 治疗时, 水 20 升 + 中药杀菌剂 60～100 毫升。

喷施在上午 10 时以前和傍晚时进行。间隔 2～3 天喷施一次, 连续喷用 2～3 次。

5. 昆虫性外激素(害虫引诱药剂)

性外激素引诱剂没有毒性, 没有环境污染, 也有促进其他综合性防治的作用。它的主要用途是: 可探知特定害虫的存在与否; 通过引诱使害虫集中; 促使益虫大量捕食集中的害虫; 在一定范围抑制交尾。如悬挂桃小食心虫性引诱剂诱芯, 可测报成虫发生始期, 指导地面药剂防治, 并可用以诱杀成虫。为在桃园悬挂桃蛀螟性诱剂水碗诱捕器, 可测报成虫发生期及成虫产卵期, 指导药剂防治; 还可在产卵期用桃蛀螟性诱进行迷向防治, 干扰雄成虫的定向, 失去与雌成虫的交配机会收到防治效果。

(二) 常用杀虫剂和杀螨剂

1. 有机磷类

常用的此类农药有辛硫磷(肟硫磷、倍腈磷、腈肟磷、巴赛松)和杀螟硫磷(杀螟松、速灭松、扑灭松、杀螟磷、苏米松、灭蟑百特)。

2. 拟除虫菊酯类

常用的此类农药有甲氰菊酯(灭扫利)、氯氰菊酯(灭百克、安绿宝、兴棉宝、赛波凯、阿锐克)和溴氰菊酯(敌杀死、凯素灵、凯安保)。

3. 氨基甲酸酯类

常用的此类农药有甲萘威(西维因、胺甲萘、US-7744、OMS-29)和抗蚜威(辟蚜雾、PP602)。

4. 沙蚕毒类

常用的此类农药有杀螟丹(巴丹、派丹、卡塔普)和杀虫双(杀虫丹)。

5. 昆虫生长调节剂类

常用的此类农药有噻嗪酮(扑虱灵、优乐得、稻虱净、亚得乐)和抑食肼(虫死净)。

6. 其他类合成杀虫剂

常用的此类农药有吡虫啉(大功臣、一遍净、扑虱蚜、蚜虱净、康福多)和机油(绿颖、敌死虫、机油乳剂)。

7. 复 配 剂

目前,农药市场上的复配剂很多,只能对部分代表性产品作介绍。常用的药剂,要咨询农业技术员或农资部门,或认真阅读产品说明书。

复配剂主要有辛·阿维(辛·阿维乳油)、辛·甲氰(辛·甲氰菊酯、克螨王)、辛·溴(杀虫王、常胜杀、扑虫星、多格灭除、铃格虫清)、菊马(灭杀毙、增效氰马、桃小灵、害克杀、杀特灵)、菊·杀(菊·杀乳油)、克螨·氰戊(克螨·氰菊、克螨虫、灭净菊酯)、尼索·甲氰(农满丹)、蝉·氯(农地乐、除虫净、虫多杀、速歼、虫地乐、易虫锐)、吡·毒(拂光、保护净、赛锐、爱林、千祥)和烟·参碱(烟·参碱乳油)等。

8. 植物源杀虫杀螨剂

常用的此类杀虫杀螨剂有烟碱、鱼藤酮(鱼藤精)和苦参碱(苦参素)等。

9. 微生物源杀虫杀螨剂

常用的此类农药有苏云金杆菌(S.t 乳剂、青虫菌、敌宝、灭蛾灵、先得力、先力)、阿维菌素(害极灭、阿巴尔、阿维虫清、爱福丁、虫满光、齐螨素、螨虫素、虫螨克、农哈哈、爱比菌素、阿发米丁、除虫菌素)和白僵菌等。

10. 昆虫性外激素(性诱剂)

常用的此类农药有桃蛀果蛾性外激素、梨小食心虫性外激素、桃潜蛾性外激素和桃蛀螟性外激素等。

11. 杀 螨 剂

常用的杀螨药剂有双甲脒(螨克、双虫脒)、苯丁锡(托尔克、克螨锡、螨完锡、SD14114)、四螨嗪(阿波罗、螨死净)、哒螨灵(扫螨净、哒螨酮、速螨酮、牵牛星、哒螨尽、NC-129)、苯螨特(西斗星)、苯硫威(排螨净、苯丁硫威、克螨威)、唑螨酯(霸螨灵、杀螨王)和噻螨酮(尼索朗、除螨威)等。

(三)常用杀菌剂

1. 无机类杀菌剂

常用的此类药剂有硫黄(硫)、石硫合剂(多硫化钙、石灰硫黄合剂、可隆)、氢氧化铜(可杀得、冠菌铜、丰护安、根灵)、碱式硫酸铜(绿得保、保果灵、杀菌特、铜高尚)和波尔多液等。

2. 有机硫、有机磷类杀菌剂

常用的此类农药有福美双(秋兰姆、赛欧散)和代森锰锌(大生、大生 M-45、喷克、速克净、大生富、新万生、百乐、大丰、山德生,新产品有亿生、乙生、凯生等)等。

3. 取代苯基类杀菌剂

常用的此类药剂有百菌清(达科宁、大克灵、克劳优、桑瓦特、霉必清)和甲基硫菌灵(甲基托布津)等。

4. 杂环类杀菌剂

常用的此类药剂有多菌灵(苯骈咪唑 44 号、棉萎灵、棉萎丹、保卫田、枯萎立克)、氟硅唑(福星、克菌星)、唑菌腈(应得、腈苯唑、苯腈唑)和噁咪唑(世高、世佳)等。

5. 复配杀菌剂

常用的此类杀菌剂有多菌灵·代森锰锌(多·锰、多·代)、炭疽福美(锌双合剂)和腐殖酸·铜(腐殖酸·硫酸铜、843 康复剂)等。

6. 微生物源杀菌剂

常用的此类杀菌剂有中生菌素(克菌康、农抗 751)和链霉素(农用硫酸链霉素、农用链霉素)等。

7. 其他杀菌剂

常用的其他杀菌剂有溴菌清(炭特灵、休菌清)和嘧菌酯(阿米西达)等。

8. 杀菌类香草

对桃树施用香草类杀菌药剂,确实有防菌和杀菌作用,还有防虫、杀虫作用和避忌作用。

(1)起杀菌、杀虫作用的香草种类 此类香草,有熏衣草、百里香、迷迭香、安息香、天竺葵、酸橙、桉树、茶树、香柏木、松树、柠檬草、薄荷、佛手、小茴香、杜松子、山苍子和 Palmarosa (原产地印度、马达加斯加,主要是在叶子里榨出精油。有着很强的防腐作用,有刺激细胞的效果和杀菌效果),以及蒜、三百草、鱼腥草、葱、生姜、洋葱与茼蒿等。

(2)使用方法

①使用液体 用生醋浸泡香草后榨汁,然后把汁液与酵素、中药材混合后发酵成香草药液。使用浓度是用水 20 升,

对人 50～100 毫升的香草药液体。

②**使用高浓度液体**　割掉香草之后,和用天然植物合成的农药的制造方法一样,放入红糖进行发酵,然后再使用。

③**烘干之后再熬**　香草植物长大后,割掉烘干,之后放水里熬制,形成药液后再使用。

④**榨油使用**　榨出精油后,对水使用。使用浓度为:水20 升 ＋ 香草油 1～5 毫升。

⑤**香草粉末**　把香草割下烘干,做成粉末。播种时,把粉末撒在地面或者洒在果树底下。

⑥**间　作**　在农作物之间混合种植香草植物。在果树周围种植香草植物可起到杀菌抑菌作用。

⑦**悬　挂**　把香草挂在果树上水果的旁边,起抑菌避虫、驱鸟作用。

(四)植物生长调节剂标准化使用

常见的植物生长调节剂及其标准化使用方法如下:

1. 赤霉素(赤霉酸、九二〇、GA)

赤霉素是广谱性植物生长调节剂。具有打破休眠,促进种子发芽,使果实提早成熟,增加产量,调节开花,减少花果脱落,延缓衰老和保鲜等多种功效。将桃的种核层积 24 小时后,用 100～200 毫克/升赤霉素溶液浸泡 12 小时,可提高种核发芽率。

2. 氯吡脲(吡效隆、施特优、CPPU)

氯吡脲为新型植物生长调节剂,是一种生物活性很强的细胞分裂素类化合物,具有促进植物细胞分裂、分化和器官形成、增强抗逆性和抗衰老等作用。用于促进坐果和果实膨大,以及诱导单性结实等方面。桃树开花后 30 天,以 20 毫升/升的吡效隆溶液喷洒幼果,可增大果个,促进着色。

3. 多效唑(PP₃₃₃、氯丁唑)

多效唑是一种植物生长延缓剂。在多种木本果树上施用,能抑制根系和植株的营养生长,抑制顶芽生长,促进侧芽和花芽的形成,提高坐果率,改善果实品质和增强树体的抗逆性等。桃树在秋季土施多效唑1~3克/株,或在夏季枝条旺长前50~60天施入,可有效地抑制新梢生长,但以秋季施用效果最好。或在当年生长期树冠喷布300~600毫升/升多效唑溶液,抑制营养生长的效果较好。用2000毫升/升多效唑溶液,涂抹桃树主干的中下部,可促进花芽形成,增加花量,提高坐果率和产量。

(五) 无公害果品生产禁止使用的农药

生产包括桃在内的无公害果品,禁止使用的农药如表8-5所示。

表8-5 生产无公害桃禁止使用的化学农药

种　类	农药名称	禁用原因
有机氯杀虫剂	DDT、六六六、林丹	高残毒
有机氯杀螨剂	三氯杀螨醇	含有DDT
有机砷杀虫剂	砷酸钙、砷酸铅	
有机磷杀虫剂	甲拌磷、乙拌磷、久效磷、甲胺磷、磷胺、氧化乐果、甲基对硫磷、甲基异硫磷、对硫磷、水胺硫磷、特丁硫磷、灭克磷、治螟磷、杀扑磷、硫线磷、苯线磷	剧毒、高毒
氨基甲酸酯杀虫剂	灭多威、涕灭威、克百威	高　毒
卤代烷类熏蒸杀虫剂	二溴乙烷、二溴氯丙烷、溴甲烷、环氧乙烷	高　毒
二甲基脒类杀虫杀螨剂	杀虫脒	慢性毒性,致癌

种类	农药名称	禁用原因
有机砷杀菌剂	福美胂、福美甲胂	高残毒
有机汞杀菌剂	氯化乙基汞(西力生)、醋酸苯汞(赛力散)	剧毒、高残留
氟制剂	氟化钙、氟化钠、氟乙酸钠、氟硅酸钠	高 毒
取代苯类杀菌剂	五氯硝基苯、五氯苯甲醇	致癌,高残留
有机锡杀菌剂	三苯基醋酸锡、三苯基氯化锡	高残留、慢性毒
除草剂	除草醚、草枯醚	慢性毒
生长调节剂	有机合成植物生长调节剂	

五、桃生理障碍病的防治

(一)裂　核

1. 发生原因

养分、水分的急剧变化,硬核期以前持续低温,氮肥过多,发生歪果,严重干旱,坐果量少,强疏果,新梢徒长,土壤透气性不良,前一年养分不足等原因,均会导致裂核。一般果实膨大迅速的年份,硬核期前越是低温,个越大,裂核的可能越大。

2. 防治方法

注意树势,加强肥水管理,禁止过度施肥、灌水,尤其是氮肥。要适当多施磷肥。疏果不要过多。种植密度不要过大。

(二)裂　果

1. 发生原因

桃裂果病的发生程度,因品种而异,主要是中晚熟品种发生严重,如艳红、绿化 9 号、陆王仙和北京 24 号等。

桃裂果病有三种类型,即纵裂、横裂和三角形开裂等。纵裂是沿腹缝线从果顶裂到基部果柄处,或两边对裂。横裂是在腹缝线的两边开裂。以上两种裂果均不影响果实的发育。此外,还有一种横裂的情况,是发生在果柄与果实相连的地方,一旦开裂,果柄与果实相连的枝条维管束也开裂,致使裂果皱缩,干死在树上。

桃裂果病主要发生在果实第二次膨大期,多是由于水分供应不均匀所引起。天气干旱时间较长时,忽然降暴雨,或突然给桃园灌大水,桃树吸收大量水分后,果实迅速膨大,由于果肉膨大快于果皮的膨大,从而引起裂果。土壤中有机质减少、黏土地、通透性差、土壤板结和干旱缺水等原因,都会导致桃裂果病的发生。

2. 防治方法

强化桃园地面管理,改良土壤,增施有机肥,园地生草覆草蓄水,减少土壤水分蒸发,在雨季做好桃园排水,当果实进入第二次膨大期时,应避免大水漫灌等措施,都可有效预防裂果病的发生。

对于每年发生裂果病较多的桃园,在裂果出现前,应喷布 $0.1\% \sim 0.5\%$ 的 B_9 溶液,可减轻裂果的发生。果实套袋也是防止裂果发生的有效措施。

(三)树体日烧

1. 表现症状

日烧分为逐渐出现和短时间内急剧发生两种。成龄树一般是逐渐出现症状,被害部位树皮表面出现龟裂,形成层枯死,最后树皮和木质部分离。

2. 发生原因

其直接原因是高温引起的障碍。因此,在温度高的 7～9 月份出现日烧症状较多。土质等因素也影响日烧现象的发生。一般砂质土壤上发生的频率最高,黏质土壤上几乎不发生。树形为自然开心形者,东北方向枝条和正北方枝条发生得较多。

3. 防治方法

培育健壮的桃树,在枝干上面留出小的枝条遮挡阳光,或者将枝干涂成白色,以避免枝干部位受到阳光直射。

(四)非真菌性流胶病

在实际桃生产中,有一种不明病因的流胶病,它不同于真菌性桃流胶病。在桃园到处都有发生,是一种极为普遍的病害。桃树流胶过多,会严重削弱树势,重者会引起死枝,甚至死树。

1. 发病症状

柔软的、玻璃质似的树胶,从树皮裂孔或树皮伤口处流出,这种树胶几乎透明,为琥珀色,有时呈褐色,干燥时变为黑色,表面凝固。流出树胶的体积大小,直径约 3 厘米,或更大一些。在树皮没有损伤的情况下,只见到球状膨大;如树皮有破伤,其内充满胶质。病轻时,桃树生长尚无明显影响。但在病重的情况下,大量树胶流出,使大枝或全树生长衰弱,叶色变黄,桃果长不大,甚至使桃树枯死。

2. 发生原因

关于桃树发生流胶病的原因,尚在研究探索之中。根据国内外的研究,下列 7 种原因均可导致桃树发生流胶。

第一,由于寄生性真菌及细菌的危害,如干腐病、腐烂病、炭疽病、疮痂病、细菌性穿孔病和真菌性穿孔病等病菌的危害，这些病菌或寄生枝干，或危及叶片，使病株生长衰弱，降低抗性。据国外报道，有一种限于木质部的细菌能引起流胶病的发生。

第二，虫害，特别是蛀干害虫，所造成的伤口易诱发本病。

第三，机械损伤造成的伤口，以及冻害、日灼伤等，也引起流胶病的发生。

第四，生长期修剪过度及重整枝。

第五，接穗不良及使用不亲和的砧木。

第六，土壤不良，如过于黏重以及酸性大等。

第七，排水不良，灌溉不适当，地面积水过多等。

除了上述原因外，桃园环境不良对诱发流胶病也是至关重要的原因。如使用桃木作支棍，把死桃树的枝、干堆放在园内或桃园 50 米内的边缘，桃园内或园外堆放大量无商品价值的桃果。桃园紧挨村庄或养殖场等场所，桃园通风透光条件极差，桃园内环境湿度过高等因素，都可引发桃树流胶病。

病理解剖发现，病枝皮层细胞之间胶化，是组织明显的病态。在初生木质部，则形成胶腔，胶腔内的游离细胞不含淀粉。由于酶的作用，胞间膜及细胞内含物溶解。寄主组织形成胶物质，它是次生现象。在早春，树液上流旺盛时，流胶发生多，尤以低温雨后更为严重。

3. 防治方法

对于流胶病的防治，其重点是要防治好桃园的病虫害，以及治理好桃园内外的环境。病虫害削弱树势，也在枝干上造成伤口，容易引发流胶。在这方面，特别要注意干腐病、吉丁虫和天牛等的防治。

严禁用桃木做支棍和把剪锯下的枝干堆放在桃园内，以及桃园边缘 50 米之内的范围。发生冻害和日灼,既削弱树势,也在枝干上造成伤口,容易诱发本病,故也应该注意防范。

桃园施足基肥,使桃树生长旺盛,其流胶病的发生情况也较轻。

有事实证明:土施或生长季根外施硼,对防治桃树流胶病有较好的效果。桃树对园内积水较敏感。因此,要改善桃园排水设施,使桃园积水迅速排出园外,以免桃树遭受水淹之灾。

(五)果实异常早熟

1. 发病症状

症状在采收前 2～4 周开始出现。早期在缝合线上端早早着色,并比健全部位早成熟、早软化。有时迅速肥大生长后,如同瘤子一样突出来。树叶有时会因缺乏微量元素而枯黄或枯死。

2. 发生原因

果实,特别是缝合线部位发生氟的异常积累,使得乙烯大量产生。将 2,4-D 或 2,4-DP 喷在果实上,或喷施乙烯利时,也会出现类似症状。

3. 防治方法

在硬核期,每隔 10～20 天喷施 1‰氯化钙溶液。喷施 3 次后症状有明显改善。

(六)采前落果

1. 发病症状

采收前 10～15 天出现大量落果。气温越高的年份落果越多。落果还与品种、地域有关,大久保等品种落果轻微,中北部地区落果轻微,南方地区落果较严重。

2. 发生原因

成熟期温度过高,引起乙烯产生过多;贮藏养分不足,光合作用不足,密度过大,水分调节不合理等,均会导致采前落果。

3. 防治方法

在结果枝的先端坐果,减轻果柄压力;疏除结果枝基部的花果;施用腐熟有机肥做底肥;土壤干燥时及时灌水,多雨季节及时排水。

(七)果实内部褐变

1. 发病症状

成熟桃果的核周围或果皮附近的一部分果肉,发生不规则的褐变,商品性降低。

2. 发生原因

错过采摘期,或降雨少的年份易出现果实内部褐变。若果实成熟期的降水量在 400 毫米以下,降雨天数在 30 天以下,最高平均气温在 30 ℃以上,日照时间在 680 小时以上时,果实内部褐变现象发生较严重。

3. 防治方法

适时采收。适时灌水,防止成熟期旱害。

(八)忌地栽培

忌地栽培,就是桃园重茬栽培。在老桃树砍伐后的短期内,栽种新桃树,常表现根生长不良,须根少,枝梢弱而短,叶色浅而薄,伴有枝干流胶,开花少,产量低,有时会出现幼树死亡等现象。但也有个别桃园表现不明显。

1. 发病原因

重茬桃园出现上述现象,原因比较复杂,这是世界各国普遍存在的问题,各国都在进行研究。目前较接近一致的认识是,桃树根系中含有较多的扁桃苷(苦杏仁苷),根系在土壤内腐烂时,分解产生有毒物质,危害新栽桃树根系的生长。也有的认为,是缺钙造成幼树死亡。总之,各桃园土壤条件和管理技术水平均有差异,重茬所导致的生长衰弱和死亡,其轻重程度也各不相同。这可能是由多种因素综合作用的结果,还必须作具体的研究和分析。在生产上,为了获得桃树无公害生产的高额经济效益,要尽量避免重茬。

2. 防治方法

(1)施用堆肥　解决忌地栽培问题的最好方法,是充分施用腐熟堆肥。它可以迅速促进土壤有机物含量,防止土壤线虫的危害,提高幼树自身抵抗力。这是必须采取的有效措施。使用未熟有机物和未熟畜粪尿,会更加促进土壤线虫的危害。还有就是充分施用土壤有机物和矿物质,激活土壤中各种微生物,恢复蚯蚓等土壤生物的生活环境。土壤微生物可分解引起忌地现象的毒素,中和有害分泌物质。恢复土壤生态环境时,微生物会起很大作用,这样就能解决土壤方面的很多问题。

(2)合理轮作　生产实践证明,如种植1~2年其他作物或改种苹果、梨等其他果树,对消除重茬的不良影响,都是有效的。

(3)土壤消毒　采用熏蒸剂进行土壤消毒的措施,亦能收到一定的效果。

(4)改变局部土壤条件　若一定要重茬栽植桃树,或由于桃树寿命短与其他果树难以倒茬时,也可以采用挖大定植穴,彻底清除残根,晾坑,晒土,填入客土等方法,改变桃树根系生长的局部土壤环境,都有较好的效果。

六、桃缺素症的矫正

在桃树上发生的许多缺素症,给桃园病虫害的发生带来了可乘之机,尤其会促使各种侵染性病害发生严重。所以,加强桃园管理,采用优新生产管理技术,改善桃园环境条件,增施熟化有机肥,平衡施用化肥,对预防桃树缺素症的发生至关重要。

(一)缺 氮 症

【症状与危害】 桃树全株叶片变为浅绿色至黄色。成熟的叶片或近乎成熟的叶片,从浓绿色变为黄绿色,发黄程度随着时间的推移会逐渐加深,叶柄或叶脉则变红。此时,新梢的直线生长受到阻碍,叶面积减少,枝条和叶片相对变硬。如缺氮过于严重,则在 7~21 天内,大的叶脉之间的叶肉出现红色或红褐色斑点。在后期,许多红色斑点发展成为坏死斑。叶片逐渐形成离层而脱落。这种现象从当年生新梢的基部开始,逐渐向上发展。新梢顶端节间缩短,花芽增多,坐果率大大减少。在严重缺氮时,整个新梢短且细,花芽减少,叶片缩小,呈浅绿色,颇似缺钾的树。但是缺钾时,顶梢较细,节间长。叶肉出现红色斑点,这是缺氮的特征。含氮低的桃树植株,其果实早熟,上色好。离核桃的果肉风味淡、含纤维多。果实不够丰满,果肉向果心紧缩。

【矫正方法】 桃树缺氮病,很容易矫正。以无机氮肥,如硫铵、尿素、碳铵或含有可溶氮的有机物质,施于树冠下土内即可。氮肥易使土壤酸化,最好和碱性肥料一起施用。施用化肥时,注意不能直接接触桃树幼苗的根系。

(二)缺磷症

我国大部分土壤缺乏磷,特别是有效磷更为缺乏。

【症状与危害】 桃树缺磷的最初症状是,叶片变为浓绿色或暗绿色,有的呈紫绿色。叶片不沿主脉皱缩,叶肉革质坚硬,扁平且窄。缺磷严重时,叶片背面的叶脉和叶柄变为紫色,新梢基部叶片较早形成离层,早脱落。含磷低的桃树,其果实果型小,早熟,蓝红色,果面扁平,开裂,风味淡,可溶性固形物含量低,味苦。

【矫正方法】 桃树出现缺磷症状,可施用磷酸肥料矫正,如磷酸二铵和过磷酸钙等。含有磷的肥料,最好是与有机肥一起腐熟后施用,这样能提高肥料的利用率。

(三)缺钾症

【症状与危害】 桃树缺钾症的特征,是叶片向上卷。夏季中期以后,叶片变为浅绿色,后来从底部叶到顶叶逐渐严重。严重缺钾时,老叶主脉附近皱缩,叶缘或近叶缘处出现坏死部位,形成不规则边缘和穿孔。随着叶片症状的出现,新梢变细,花芽减少,果型小且早落。这种症状,在叶片含钾量超过 0.75% 时尚不明显。夏季,叶片中钾的临界含量为 1%。

桃树的原产地为海拔 1 200~2 000 米的黄河上游的西北高原地带,它在这里形成了喜光、喜钾与耐旱的生理习性。大面积栽培时,很容易出现缺钾症。在生产中应注意观察,及时补充钾肥。

【矫正方法】 桃树缺钾症的矫正,可根据树龄的大小,每株施硫酸钾 0.45~2.7 千克,即可恢复得很理想。施用草肥和动物粪肥后,也能增加叶片的含钾量,而且常能增加数倍。

（四）缺钙症

【症状与危害】 桃树对钙最敏感,桃树缺钙的最初症状是顶端生长减少。老叶的大小与正常叶相当,但幼叶较正常的小。叶色浓绿,无任何褪绿现象。以后,幼叶中央部位出现大型褪绿、坏死部位,侧短枝和新梢最为明显。在主脉两边组织有大型特征性坏死斑点。老叶接着出现边缘褪绿和破损。最后,叶片从梢端脱落,发生顶枯。在控制营养条件下,桃叶最早出现缺钙症状,而钾和镁的含量却比较高。桃园缺钙,会严重削弱桃树根的生长。严重缺钙的桃树,其果实成熟时会出现软沟、糖化现象,造成很大的经济损失。

【矫正方法】 最好将钾肥与氮肥、磷肥均衡施用。于桃树生长初期,在叶面喷施 0.1% 的硫酸钙,每年连续喷施 2~3 次,连喷两年。也可施用有机肥,在有机肥中均匀地加入 1% 的过磷酸钙,一同熟化后施用。也可在每年的雨季,在桃园地面每 667 平方米撒施生石灰粉 50 千克,撒施要均匀,并与土壤混合。这种方法不仅能够补充钙素,而且还有杀菌的作用。

（五）缺镁症

【症状与危害】 桃树发生缺镁病,可见到较老绿叶的叶脉之间,产生浅灰色或浅黄褐色斑点。继而斑点扩大,达到叶边。初期症状是出现褪绿,颇似缺铁的褪绿。严重时引起落叶,从下向上发展,只有少数幼叶仍然附着于梢尖。当叶脉之间绿色消褪,叶组织外观颇似一张灰色的纸,坏死斑点增大直至叶的边缘。在桃园可见两种缺镁症状:一是叶缘和叶脉间坏死,如上所述,叶片很快脱落;二是叶缘坏死,坐果多的桃树症状更为明显。

【矫正方法】 对缺镁砂土桃园,应作长期的矫正。其方法是:首先中和土壤,纠正土壤酸碱度,酸性土壤可施用生石灰粉。施用硫酸镁或氧化镁矫正时,单株每年施用量视树龄、树冠、产量大小而异,多者可达 1 千克。也可对叶片喷施硫酸镁溶液,见效很快。对桃园要避免施用过多钾肥和低镁石灰。

(六)缺 锰 症

【症状与危害】 临近主脉和中脉的组织绿色,叶脉间和叶缘组织褪绿。叶片长大前一般不会出现褪绿。随着生长季的进程,老叶的色泽变得更深。只在极为严重的情况下,才出现新梢生长矮化,叶片产生坏死斑点和穿孔。缺锌和缺锰同时发生时,不产生典型症状。缺铁和缺锰的情况也相同。在矫正缺锌或缺铁的过程中,也会出现典型的缺锰症状。桃树缺少锰、锌和铁元素或更多元素的情况,并不经常发生。如果单独处在这种情况下,单独症状不能作为有效诊断的依据。

【矫正方法】 从叶片分析中,可以清楚地知道桃树缺锰情况。夏天,干叶含锰的临界值为 15～20 毫克/千克。缺锰很易矫正,可在早春使用硫酸锰溶液喷布叶片,浓度为 1∶378.5。在碱性土壤中,可适量施入硫黄。但锰过多会引起粗皮症,要注意避免。

(七)缺 铁 症

由于一些因子影响铁的需要量,所以,不能对铁的含量提出一个准确的标准。可是,从核果类果树感受石灰诱发缺铁失绿的情况来看,桃树对缺铁是最敏感的。

【症状与危害】 缺铁褪绿的叶部症状,是由于叶片叶绿素含量的减少而使叶片由绿变黄的。严重时,叶脉之间的部位变黄。如不矫正,会使全叶变白,并发展到叶缘枯死。严重褪绿的叶片比正常叶片小。如进一步恶化,小枝也会枯死。缺铁症状一般从顶端开始,长出的幼叶褪绿。如及时施用含铁肥料,叶片会转为绿色。成熟的叶片不会褪绿。虽然褪绿不是缺任何一种元素的特征,但这种复杂的症状也可鉴定。采用叶片症状的鉴定技术,有助于对缺铁症的判断。

【矫正方法】 有很多方法可以用来治疗由石灰含量过多而诱发的缺铁褪绿。在生长季节初期,树体喷布稀释硫酸亚铁溶液,可以矫正缺铁症状,但必须在新梢生长期间反复使用。在树干或大枝上打孔注射铁盐,是一种成功的补铁办法,但损伤组织。在石灰土壤的桃园,施用与铁结合的螯合物是有效的。其基本原理是防止不溶性铁盐在土壤中形成。但铁过多会引起土壤碱化板结,诱发钾、镁、铁、锰、硼等元素的缺乏,要注意防止这种现象的出现。

(八)缺 锌 症

【症状与危害】 早春,新梢顶端生长的叶片比正常的小。新梢节间短,顶端叶片挤在一起,呈簇状,形成一种病态。有时也称为丛簇病。初期,叶脉间出现不规则的黄色或褪绿部位,这些隔离的褪绿部位,逐渐融合成黄色伸长带,从靠近中脉至叶缘,在叶缘形成连续的褪绿边缘。多数叶片沿着叶脉和围绕黄色部位,有较宽的绿色部分,和缺锰症相比,可看出其不同。在夏梢顶端的叶片为乳黄色,甚至沿着叶脉也有很少的绿色部位。在这些褪绿部位,有时出现红色或紫色污斑,污斑后来枯死并脱落,形成空洞。缺锌桃树所结的果实,果个小,果型不整齐。大枝顶端的果实扁而小。成熟的桃果多破裂。在一棵桃树上,叶片和果实症状,只出现在一个大枝或数个大枝上,而树的其余部位看起来似乎是健康的。

【矫正方法】 对盛果期缺锌桃树,每株土施 1～2 千克硫酸锌,能有效地消除缺锌症。桃树花芽膨大前,树上喷施硫酸锌,是主要的防治措施。其使用浓度为每 378.5 升水加硫酸锌 3.5 千克,矫正缺锌症效果极佳而无药害。有时为了减轻药害,每 378.5 升水加 3.5 千克硫酸锌和 1.15 千克生石灰,这是较为安全的配方。在生长季节的任何时间均可应用,尤其是早春最为合适。在严重缺锌的桃园,要坚持连续施用 3～4 年才能克服。树干注射硫酸锌的施药方法,由于伤害树干组织,最好少用或不用。

(九)缺 铜 症

【症状与危害】 缺铜的特征,是新梢顶枯。夏初,桃树新梢顶端生长停止,叶片出现斑驳和褪绿。新梢顶端叶尖和边缘变褐,新梢外观似萎蔫,最后许多顶叶脱落,新梢向下枯死。这种现象,有时在当年生长季发生,但大多数在翌年生长季出现。其枯死部位下面的侧芽长出新梢,也同样枯死。经过多年的重复枯死,缺铜素的桃树,外观似丛生和矮小。缺铜素桃树树皮粗糙和木栓化,但发生程度不同,这与品种有关。

【矫正方法】 在缺铜素桃树叶片中,铜素的含量约为 3 毫克/千克或稍少些。桃园如经常喷施波尔多液、氢氧化铜或锌铜石灰液,一般不缺铜素。如发现缺铜素,可于树下土施硫酸铜,每株 0.9～2.5 千克,一般可以矫正。用量可根据树冠的大小而异。

(十)缺 硼 症

【症状与危害】 缺硼症的特征是新梢从上往下枯死,通常在春天发生。严重时,整株会枯死,但这个过程一般需要数年。在枯死部位的下方,会长出侧梢,使大枝出现丛枝状。由于缺硼引起的枝条往下枯死,因而常被误认为是冻害。其实,这两者是有区别的,缺硼桃树的形成层是白色的,而冻害则是变色的。新梢受到顶端枯死的影响,会引起焦叶、卷叶和叶片枯死。有时会出现丛簇叶,易和缺锌症混淆。如测叶分析,叶片含硼量低于干物质重 200 毫克/千克,可以怀疑桃树缺硼。缺硼症状最初出现在果实上,但很少影响整体产量,果实会出现裂果、皱缩和变形。

【矫正方法】 在缺硼的桃园中,可用硼的化合物溶液,如硼酸溶液,对桃树作预防性喷雾,土中施硼,如硼砂,也有防止缺硼的良好作用。

(十一) 缺 硫 症

【症状与危害】 新叶黄白化,逐渐蔓延到成熟叶,出现类似缺氮的症状,严重者不能结实。

【矫正方法】 硫酸铵、硫酸钾含有大量的硫元素,可以适量施用。过量施用会引起硫化氢过多,危害桃树。适量施用,所产生的硫化氢与土壤中的铁结合,形成硫化铁,则无害。

七、主要自然灾害的防御

(一)冻 害

1. 发生原因

我国北方晚秋或早春季节,桃树容易受冻害,就是因为晚秋时,桃树尚未进入休眠期,内部的抗寒锻炼还未完成,抗寒能力差;在早春,温度已回升,桃树已解除休眠,体内的抗寒能力逐渐下降。因此,晚秋或早春寒流突然袭击,桃树就易发生冻害。

2. 发生规律

(1)时间地点　除了特别寒冷的冬季以外,在秋末冬初气温骤降或早春乍暖还寒的气候条件下,以及冬季低温出现早而持续时间长的年份,桃树最易受冻。在低洼地、山梁及风口处,因低洼地冬季冷空气凝结时间长,风大气温低,桃树冻害发生频繁。

(2)易发生部位　桃树的花、枝、主干、根茎和根系,均可发生冻害。其中最常见的,是花芽冻害及根茎冻害。花芽抗冻能力弱,冬季及春季起伏不定的气温易导致花芽受冻。根颈部停止生长最晚,而开始生长活动早,所以,根颈部皮层最易受冻,常导致韧皮部和木质部分离。

(3)易发生树种及品种　在我国北方主栽树种中,花期易受冻的为桃、杏、李和樱桃等。一般来源于北方、西方的品种较抗寒,如桃品种中,北方品种群较南方品种群抗冻。

(4)管理措施对冻害的影响　一般秋季浇水过多或施氮肥过多,桃树后期旺长,不能适期停止生长,遇冬季低温,生长不充实的组织就易发生冻害。

3. 防御措施

(1)冬前或早春涂刷涂白剂　用涂白剂均匀涂刷树干或枝条,能增强树势,提高抗寒力,可避免昼夜温差大时受冻害。涂白剂的配比为:生石灰 6 份,食盐 1 份,豆浆 0.25 份,硫黄 1 份,水 18 份或 10 份,石硫合剂原液 0.5 份,食盐 1.5 份,油脂少许,搅匀即可。也可加入少量卵虫净等药剂。

(2)适时冬剪　适时冬剪,能有效减少树体内水分的消耗,在干旱地区尤为重要。回缩、疏除大枝时,为使剪口不至于因气温过低而受冻害,可在剪口处涂抹凡士林等保护剂。

(3)**灌足封冻水**　土壤湿度适宜时,植物的体温与地温相差较小;土壤干燥时,植物体温与气温相差很大。温差越小,越不易发生冻害。所以,在土壤封冻前,要灌足封冻水,保持冬季适宜的土壤水分,以防止冻害的发生。

(4)**撒灰浅耕**　将草木灰撒入桃园内,浅耕翻入地下,既能疏松土壤、吸热和保温,又可为树体提供钾元素。一般每667平方米施草木灰300千克,浅耕3~5厘米深。

(5)**果园熏烟**　熏烟可增温1℃~2℃。由于烟能减少地面辐射热的散发,同时能提高气温,因而是行之有效的防冻措施。

(6)**抗寒栽培**　通过加强栽培管理,提高树体的抗寒能力,也是防止冻害的重要措施。①利用抗寒能力强的砧木进行嫁接,可在一定范围内提高植株抗寒力。②前促后控防徒长。春季加强氮肥和水分供应,使枝条生长健壮。秋季及时控制氮肥和水分,增施磷、钾肥,并结合夏剪,促使新梢及时停长,以提高抗寒能力。③加强病虫害防治,防止过早落叶,要重点防治大绿浮尘子,以免加重冻害。

(7)**喷施植物生长调节剂**　喷施乙烯利、多效唑等生长调节剂,可提高桃树的抗寒性。如秋季对桃树喷布100~200毫克/升乙烯利,或50毫克/升赤霉素溶液,可提高芽的抗寒性。

(8)**冻害发生后的补救措施**　冻害发生后容易引起冻枯病,应在发芽前喷施石硫合剂,特别是要在粗枝上充分喷洒。如果被害部位很大,可种植苗木进行桥接。受到冻害的桃树,应尽可能减少坐果,受到中等以上冻害的桃树应阻止结果,并且在1~2年内不能移植。

(9) 加强树体保护　在树干北面培土墙,建风障;营造防护林,减低风速;喷羧甲基纤维素或石蜡乳剂,减少树体水分蒸腾;早春勤锄地、盖地膜;冬前用薄膜包扎枝条等措施,都可有效防止冻害发生。

(二)涝　害

1. 必须重视涝害防御

桃树抗涝能力差,树冠下积水超过 48 小时就会发生涝害死树现象。黄河故道果区地处平原地带,2003~2005 年这一地区接连 3 年均出现 7 月中下旬至 9 月上旬连续多日集中降雨的现象,降水量均超过全年降水量的 1/2。集中降雨,加上家庭承包责任制形成的田地分散经营,原田间排水沟被平掉,新沟又难开挖,造成桃园积水排放困难,滞留园中时间较长,导致桃树大面积受涝死亡。因此,必须及时做好防御涝害的工作。

2. 防涝措施

(1) 扶埂定植　栽桃树前,先用挂犁拖拉机将栽植行两边的园土犁扶成埂坡,使两行桃树之间呈低洼条沟状,然后将苗木栽于埂上。

(2) 挖土造埂　平原地桃树秋冬施基肥时,可分别在树行左右两侧各挖一条施肥沟。先将挖起的第一层活土暂放在沟外侧,作回填时掺粪用。回填后,若土不够用,再用行间土补充,将粪穴填平。再将挖出的第二层死土撒于树冠下,拍碎摊平。此举可使树冠下的地面高出行间。若遇上连降大雨,行间低洼,排水流畅,即使积存几天浅水,处于埂上的桃树也安然无恙。

(3) 选用抗涝砧木　用野生毛桃作砧木的桃树,比用山桃作砧木的抗涝能力强。嫁接同一桃树品种,用毛桃作砧木的,比用山桃作砧木的长势强,桃果长得大。

(4)肥料不撒施 对平地桃树提倡挖环状或放射状沟施肥,也可多点穴施,其余地面锄一下即可。不少果农采用全园撒施法施肥,然后用铁锨深翻。此法利小弊大:一则肥料多分散在 5~10 厘米浅土层,而吸收根正常生长多在 20~40 厘米处,施肥浅便会引根向上,使根系变浅,不耐旱,不抗涝;二则遇上连降大雨,因土层过于疏松,雨水大部渗入地下,土中吸纳的水分大大超过非深翻的园地。下雨后,即使地表无积水,树照样被渍死。所以,不要采取全园撒施的施肥方法。

(5)桃园中不种阻水作物 若在平地桃园中种植花生或红薯,遇上连续大雨,园中积水受低矮匍匐作物阻挡,很难排出园外,大都被滞留园中,逐步渗入地下,使土壤含水量过高,加上低矮作物遮地蔽日,蒸发缓慢,使根系长时间浸泡在泥水中,呼吸困难,树体极易受涝而死。因此,在桃园中不要种植阻水作物。

(6)采取技术措施防涝

①搞好夏剪 在北方地区,雨季多从 7 月下旬开始。在雨季到来前,应突击搞好桃树夏剪,将徒长枝、竞争枝、交叉枝和密挤枝等统统疏除;对早熟品种桃树的长放果枝,采摘后一律回缩剪截。这样就可减少枝叶的养分消耗,从而减少地下根系的供输压力,增强树体抗涝能力。

②喷多效唑或 PBO 在雨季到来前,对桃树喷一次 200~300 倍液多效唑或 150 倍液 PBO,使枝叶暂停生长,以减轻枝叶消耗对根系供应的压力,从而增强根系的抗涝能力。

③受涝后及时补救 在没有采取防涝措施的情况下,一旦桃树在雨涝灾害中受到了严重淹害,天一晴叶片就会萎蔫。

见此状况,应立即修剪,疏除一切冬剪时应疏除的枝条,并对保留下来的结果枝适度短截。

（三）旱　害

1. 旱害的时期

旱害根据发生时期分为开花期旱害、果实肥大期旱害、硬核期旱害和着色期旱害等。

2. 防治方法

(1) 栽培健壮桃树　桃树的健康状况良好,细胞组织变得更强,其抗旱性能也会大为加强。

(2) 改良土壤条件　改良土壤,使土壤有机质含量高,保水能力良好,桃树根系就又深又广,能够吸收大量的水分,增强抗旱的能力。

(3) 进行深耕　加深耕土深度,使根系充分扩展,增强吸收水分的能力。不进行深耕,根系就不易充分伸展,吸收能力小,抗旱性能差。

(4) 少施氮肥　氮肥多,枝叶茂盛,叶面蒸发量大,土壤水分消耗也增加;同时会导致根系分布浅,不利于桃树的抗旱。

(5) 施用钾肥　缺钾也会导致旱害。缺钾时,细胞渗透压降低,糖分减少,根系发育不良,对旱害的抗性差。因此,施用钾肥,有利于桃树抗旱性的提高。

(6) 降低栽培密度　通过降低栽培密度,减小枝叶面积,可以促进根系扎得更深,并有利于桃树健壮生长和抗旱性的增强。

(7) 抑制水分蒸发　在土壤表面覆盖物体,不仅能抑制土壤水分蒸发,减少雨水流失,还能增加土壤中的渗透量,提高耐寒性。有机质对土壤的团粒结构形成也很有效果,并且增加土壤的保水能力。流失水分的减少和团粒结构的构成,可防止土壤侵蚀,保护土壤。可以用堆肥或稻草、秸秆、杂草等有机物进行覆盖。如今很多使用塑料来覆盖,特别是塑料类的覆盖简单方便这也是可取的,但要注意保持土壤的透气性。

(8)实施有机化栽培 化学农业(现代农业)的结果使土壤极端酸化,破坏微生物和益虫的生存环境。其结果是导致果树脆弱,抵抗力低下。有机化栽培可以使土壤更肥沃,果树的抵抗力更强,对旱害和低温的抗性也更强。

(四)果实日灼

1. 果实日灼症状

桃果受到强烈阳光的照射,在高温、干燥的环境下,果面会出现一个圆形、大型的褐色病斑,酷似太阳。病斑边缘不明显,表面坚硬。病斑不深入果肉,只限于表皮层。用刀切开检查,其下果肉色泽正常。一般都是一个桃果出现一个病斑;没有一个桃果有多个病斑的情况。病斑较大,常占 1/2 的果面。

受日灼的桃果,多是暴露于直射阳光之下,没有足够的叶片遮挡炽热的阳光所致。日灼桃果出现的时间,多是在 6 月中旬至 7 月中旬。日灼桃果表面因有个大斑,故丧失经济价值。

2. 防治方法

(1)适当修剪 在春天和夏季修剪时,避免重剪,要保留适当数量的枝叶,以阻挡阳光的直接照射,保护果实。

(2)果实套袋 最有效的防治方法是果实套袋。套袋后的桃果,极少发现日灼。

(五)雹 害

夏天,偶然会有冰雹袭击桃园,把新梢和较大的树枝打伤。树皮受冰雹打击以后,发生凹陷斑和开裂。开裂严重时,不仅大部分皮层组织受到破损,而且深达木质部,髓部受伤,致使桃树的生长发育受到严重损害。叶片遭受雹害后,可出现穿孔和落叶。桃的果实遭受雹击后,在受击点出现的炸开形创伤,遇到雨水后从创伤处腐烂。雹害严重时,会直接击落桃果,造成严重减产。

其防治方法是:加强肥水管理,加速恢复树势,促进枝干伤口愈合。要喷布药剂保护伤口。所用药剂为 70%甲基托布津 800～1 000 倍液,和 25%多菌灵 250～300 倍液。另外,果实套袋,能有效减轻冰雹对桃果实的伤害。有条件的地区可以选择网目为 1.25 毫米的防雹网。

遭受雹害后,直接喷洒石灰波尔多液有可能产生药害,故应过 3 天左右再喷洒。

(六)雾　害

浓重的雾气会造成光照切断,地温降低,空气湿度过高,影响植物生长。其防治方法是在风口方向设置防风林,造林时选择叶片抖动性好的树木排雾,如橡树等。

(七)雪　害

如果降雪导致树木枝条劈开,应在发生严重的地区进行冬剪。并在化雪期间采取措施,使排水顺畅。

(八)风　害

当风速超过 4～6 千米/小时时,易发生风害,特别是台风。因此,选址是避免风害的关键。此外,还应在常受风害的地区设置防风林。

(九)果实发育期的低温障碍

果实膨大期温度低,会对果个和品质造成不良影响,并使果实成熟期延长,严重时不能完全成熟。如果碰到这种情况,应每隔7~10天喷施营养液和光合促进剂,以防止和克服低温所造成的不利影响。

(十)霜　　害

1. 加强霜害的预测

要关注气象部门关于霜害的预报。此外,当发生下述情况时,下霜的概率大,要预测霜害发生的可能,及时做好防霜害的准备。一是下雨后刮寒冷的北风,白天最高气温低于20℃时;二是黄昏时停止刮风,夜间转晴,同时温度下降;三是下午6时气温低于10℃,而且温度每小时下降1℃时。

2. 防治措施

第一,注意天气变化,做好预测。

第二,燃烧重油和固体燃料、废旧轮胎、修剪枝或麸子等,但容易引起火灾和空气污染。

第三,安装防霜扇。

第四,气温低于0℃时,利用喷灌装置进行洒水,至太阳升起、气温回升后再停止。

第九章　桃的温室标准化栽培

在北方,桃的成熟期一般集中在 6~9 月份。由于桃果实不耐贮藏,所以,在其余长达 8 个月的时间内市场上无鲜桃供应或有品质很差的果实。桃在淡季供应市场时,价格高,经济效益显著。

保护地栽培是相对露地栽培而言,是指在一定的设施(塑料大棚、日光温室、人工气候室、防雨棚和遮荫棚等)内,通过对环境条件(主要是温度、湿度、光照、气与水等)的调节与控制,使设施内的环境条件变化与桃树生长发育所需的环境条件相适应,以满足桃树生长与结果的需要。

我国现阶段的桃树保护地栽培,主要是利用日光温室进行栽培,简称"温室栽培"。温室栽培目前主要是利用极早熟或早熟品种进行促成栽培,使其果实提早成熟,提早上市。另外,少数地区正在研究延迟栽培。这是利用极晚熟品种,通过对环境条件的控制,使果实延迟成熟。

一、桃树温室栽培的形式

由于我国桃树的温室栽培起步较晚。栽培方式目前只有以下两种形式:

一是利用塑料日光温室进行促成栽培。这是在桃树完成自然休眠后,进行保温处理的一种保护地栽培方式,可使果实提早 2 个月成熟。

二是利用塑料日光温室进行延后栽培。这是在冬季土壤封冻后进行扣棚,早春延缓土壤解冻时间,抑制开花,使果实成熟期推迟。

前一种形式在我国已广泛应用,而后一种方式正处于开发阶段。

二、日光温室的类型、构造及性能

日光温室,一般是指单屋面、以太阳能为主要能源的温室。用于生产桃的日光温室,基本上不需要加热,依靠白天积蓄的太阳能,夜间严密保温,来维持桃树生长发育所需要的温度。

(一)日光温室的主要功能

生产用日光温室,各地一般根据当地的实际情况,因地制宜,就地取材地进行建造。由于它造价低,容易建造,冬季不需要加热,节省能耗,经济效益高,所以,受到农民的普遍欢迎。

日光温室的主要功能,包括采光、贮热、调温、调湿、防风和换气等六个方面。由于日光温室主要靠太阳能维持室内的温度,因此,冬季连阴天较多的年份和地区风险较大。

(二)日光温室的组成

日光温室由后墙、东西山墙、后坡、采光面、缓冲间、保温苫、通风口和田面八个部分组成。

1. 后墙及东西山墙

由砖、石或夯实土、草泥垛筑成。主要功能是支撑屋面,阻挡室内外热量的交换,起到蓄热保温作用。白天墙体吸收太阳能并转化为热能,夜间释放出热量,为温室增温。墙体的结构有两种类型:一种是单质墙体,即由单一的砖、石、夯实土或草泥垛筑成;另一种是由多种材质(砖、土、石、煤渣、泡沫板材等)分层复合组成。

2. 后 坡

由桁、檩、椽等组成,其上铺垫秫秸、草泥、煤渣、乱草或水泥预制板等。主要功能是联结前屋的采光面、后墙及东西山墙,保温及承受草苫等重物。

3. 采 光 面

由透明的覆盖材料和支撑构架(拱架、拉杆、立柱等)组成。透明覆盖材料可用塑料薄膜、PVC 板与玻璃等透光物,透光物既可使太阳辐射能的主要部分——可见光顺利通过,又可阻止地面和空气等放出的长波辐射能的透过。这样,当太阳光透过透光物达到温室内后,既可满足植物光合作用对光的需要,又可被田面、后墙和后坡等吸热体吸收,提高温度,当夜间空气温度下降时,吸热体释放出热量,为温室增温,使温室维持在一定的温度水平。

4. 缓 冲 间

一般在日光温室的东山墙或西山墙,开设一扇门,并在门的外面盖一间小房。这间小房即为缓冲间,其作用主要是防止冬季的冷空气直接进入温室,造成门口处温度过低,同时可用作临时休息室、更衣室或贮藏室。

5. 保 温 苫

为了防止夜间采光面散热,于采光面上覆盖草苫、保温被等保温覆盖材料。北方严寒地区,为了增强保温能力,外保温覆盖材料可设两层,第一层为主要覆盖层,多使用草苫和保温被等;第二层为辅助覆盖层,使用时垫于透光物与主要覆盖层之间,多使用几层牛皮纸合成的纸被、旧塑料薄膜及无纺布等。早晨日出后,气温回升,将外覆盖层卷起来置于后坡上面,使阳光照进室内,温室积蓄热量。傍晚,室内气温降至一定程度时,放下保温材料,以便保温。

6. 通 风 口

为了调节温室内的温度、湿度及空气,一般在温室后墙及采光面的透光物上设有通风口。通过对通风口的开闭来调节温室内的温度、湿度和换气等,以满足植物生长发育的需要。后墙上的通风口一般每隔 3 米设一个,大小为 600 平方厘米左右,通风口距地面 100 厘米。

7. 田 面

田面为温室内用于种植作物的地面。它是日光温室栽培果树或作物、产生经济效益的主要部分。

(三)日光温室的基本类型及尺寸

日光温室大致可分为两类:一类是半圆拱形屋面,优点是采光好,空间较大;另一类是一斜一立式日光温室。

1. 半圆拱形日光温室

半圆拱形日光温室,跨度为 6～7 米,中脊高 2.7～3.0 米,后坡水平投影宽度为 1.4 米,后墙底宽 1 米,高 1.6 米,前屋面为半圆拱形(图 9-1)。

2. 一斜一立式日光温室

一斜一立式日光温室,又称琴弦式日光温室。该温室一般脊高 3.0～3.1 米,跨度为 7 米,前立窗高 0.8 米,屋面与地面夹角为 21°～23°,后坡长 1.5～1.7 米,水平投影宽度为 1.2 米,后墙高 2.0～2.2 米。前层面每隔 3 米设置要一根木头斜梁,自一侧山墙经各个斜梁,每隔 35～40 厘米,东西向拉一道

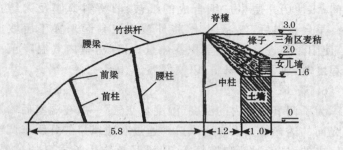

图 9-1　竹木结构半圆拱形日光温室 （单位:米）

8 号铁丝,共拉 14～18 道。在斜梁间每隔 60～70 厘米,捆一根竹竿(图 9-2)。

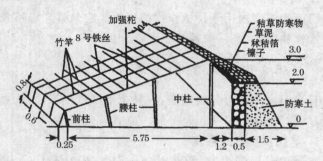

图 9-2　竹木结构一斜一立式日光温室 （单位:米）

　　温室多采用聚氯乙烯无滴防老化薄膜扣棚。它的主要优点是透光率高,保温性能好,拉伸强度大和易粘合,特别是无滴性能好。其缺点是比重大,容易污染,清洗困难。为了保温,日光温室要用草帘、人造纤维或太空棉等覆盖物。温室内要有加温设备,以备气候骤冷时增温。有条件的,可安装滴灌和渗灌设备。

　　建筑日光温室,要以塑料薄膜为采光层面的透明覆盖材料,以竹木或钢筋等为骨架,以砖建墙体。整个温室呈东西延长,长度为 50～60 米,跨度为 6～8 米,高 2.7～3.5 米。后墙厚度为 1 米左右,高 1.8～2.2 米。日光温室的面积在 300 平方米以上。

（四）日光温室的场地的选择

日光温室生产属于高投入、高产出的产业,选择好场地至关重要。选择场地应符合以下要求:

第一,阳光充足。要避免遮荫。在温室的南侧和东西两侧不能有高大的建筑物、树木和自然遮挡物。

第二,避开风口。要充分利用一定地形中的有利小气候条件。山口和自然风口,往往是冬季和春季大风的通道,容易形成穿击风。在这样的地方建造日光温室,很容易遭受风害。相反,利用高大的堤坝、山前平地或村庄南面的地块,来修建日光温室,则有利于提高温室的保温能力。

第三,土壤疏松肥沃,地下水位低。土壤疏松肥沃,有利于桃树根系的生长,为桃树的快速生长和丰产奠定基础。由于桃树好氧性强,怕涝,因此用于栽植桃树的日光温室田面,其地下水位必须较低,温室内的田面必须高于外部的地面,或与外部地面持平。

第四,避开尘土污染严重的地带。靠近排尘严重的工厂和机动车辆频繁通过的公路两侧,建设日光温室,不仅薄膜会经常地受到污染,影响温室的采光,而且对提高桃果的产量和质量也会产生不利的影响。

第五,交通方便。温室生产的产品一般为新鲜的果品或蔬菜,这些产品多不耐贮藏。因此,日光温室群选址时,一定要交通方便。尽量靠近交通干道,或处于近城郊的地方。

(五)日光温室的采光设计

塑料薄膜日光温室,是以太阳能为主要热源的温室。在秋、冬、春季进行生产时,外界气温很低,因此对其建筑结构上的要求是:充分采光,严密保温,以满足桃树生长发育和结果的需要。所谓充分采光,就是要在室内截取最大值的光能。在建筑结构上,要注意以下几个方面:

1. 日光温室的方位

我国北方严寒地区,日光温室均为坐北朝南,东西延长建造。桃树日光温室生产实践证明,在我国北方严寒的冬季,不加温日光温室不能过早地揭开草苫,否则室内温度不仅不能上升,反而会下降。实际上,太阳出来一段时间后,才能揭开草苫。因此,温室的方位以偏西一些好。这样,可以延长下午室内光照时间,有利于夜间保持较高的温度。在辽宁、河北东北部及山东,一般日光温室的方位角偏西 3°～5°为宜。

2. 前屋面采光角度与形状

日光温室向阳面多为塑料薄膜的采光屋面,与地平面构成的夹角叫屋面采光角。屋面某一点处的法线(屋面某一点处的切线的垂直线)与太阳光线的夹角为太阳光线的入射角。

北京地区设计日光温室,太阳高度角为 26.6°,理想屋面采光角应为 90°－26.6°＝63.4°,合理屋面采光角计算以 50°为参数,应为 50°－26.6°＝23.4°。

一般温室前屋面采光角平均在 20°～30°。冬季实际生产中,中底脚,尤其是中段为冬、春季桃树生产的主要受光面,两者的面积应占前屋面的 3/5～3/4。

至于接近屋脊的上段部分,主要考虑便于拉、放草苫和排除积雨、积雪等。为了增加温室前屋面的采光角,目前第二代高效节能日光温室的采光屋面,一般设计为双弧面半拱圆形。

3. 后坡面的仰角与宽度

后坡面应保持一定的仰角,仰角小势必遮荫太多。后坡面的仰角应视使用季节而定,但至少应大于当地冬至正午时太阳的高度角,以保证冬季阳光能照满后墙,增加后墙的蓄热量。后坡应保持适宜的宽度,以利于保温。

太原市赵忠爱等多点调查结果表明,在外界温度为-20℃时,前屋采光面、后坡面的投影宽度分别为4米和2米时,温室内最低温度为8.5℃;前屋采光面,后坡面的投影宽度分别为5.5米和1.5米的温室,室内最低温度为5.9℃。即加宽后坡的宽度有利于保温,但后坡面太宽,春、秋季室内遮荫面积大,影响后排桃树的生长和果实的品质与产量。后坡面的宽度要兼顾采光和保温两个方面,一般后坡在地面的水平投影宽度应为1米左右。

4. 相邻温室的间距

两排温室间距小,会造成前排温室对后排温室的遮荫;间距大则浪费土地。所以,必须在后排温室采光不受影响的前提下,尽量缩小间距。

计算前后排温室间距的方法是:据温室的高度(加上卷起的草苫高度,一般按0.5米计算)、当地地理纬度和冬至日正午的太阳高度角,依下列公式计算:

$$S = \frac{H}{t_g H_0} - L_1 - L_2 + K$$

式中:S——前后两排温室间距。

H——温室中高(含卷起草苫)。

$t_g H_0$——当地冬至日太阳高角的正切值。

L_1——温室最高点到后墙内侧水平距离。

L_2——后墙底宽。

K——修正值,为减少遮荫,多为 1 米。

5. 温室的长度

温室适当长一些,可减少两边山墙遮荫面积的比例,以增加有效面积。但温室过长,管理不便。一般温室长度在 60～80 米。

(六)日光温室的保温设计

1. 墙 体

由于生产桃的日光温室一般不需要加温设备,因此,保温设计不仅要让墙体具有承重和隔热功能,而且要具有较强的载热功能。白天要大量蓄热,夜间要源源不断地向室内放热,以延缓室内气温的下降。

日光温室的墙体目前有两种类型:一是单质墙体;二是复合墙体。单质墙体由单一的土或砖、石块砌成。异质复合墙体,一般内、外层是砖,两砖间是垫有保温材料的中间夹层。中间夹层填充的保温材料有干土、煤渣和珍珠岩等。由表9-1可见,凡有填充保温材料的墙体,日光温室内的最低气温均比未填充任何材料的中空夹层墙温室的高。

表 9-1 墙体填充材料对室内温度的影响

材　料	中　空	珍珠岩	煤　渣	锯　末
温室最低气温(℃)	6.2	8.6	7.8	7.6
与中空墙温室 间的温差(℃)		2.4	1.6	1.4

后墙有三种。一种是砖砌空心墙体。内墙为 12～24 厘米厚砖砌墙(石头也可),外墙为 24 厘米厚砖或空心砖砌墙,

中间为10厘米珍珠岩隔热层,构成50～60厘米厚的异质复合多功能墙体。另一种是石、土(草)复合墙体。石砌墙基部厚50厘米,上部厚40厘米,内墙垂直,外墙斜面。墙外培土,厚度大于当地最大冻土层30～50厘米。三是土、土(草)复合墙体。夯打50～60厘米厚土墙或草泥垛墙,外培土,使墙体的复合厚度比当地冻土层大30～50厘米。两侧的山墙用土墙或砖砌,厚度相当于当地最大冻土层厚度的2/3。

2. 后坡面仰角及覆盖材料

后坡面仰角比当地冬至日正午太阳高度角大10°。后坡面覆盖材料以贮热保温材料为主,封闭要严。以秸秆和柴草为主时,底铺和外覆盖的总厚度应达到当地最大冻土层厚度的2/3～4/5。

3. 前屋面覆盖材料

前屋面是温室的主要散热面,通过对前屋面的覆盖,可以阻止散热,收到保温的效果。目前我国前屋面外侧覆盖材料主要是草苫、纸被等。草苫是传统的覆盖材料,它是由苇箔、稻草编织而成的。高质量的草苫覆盖在采光屋面上,室内应见不到任何亮光。单层覆盖可提高温室温度1℃～3℃。在寒冷地区,常在草苫下铺一层由4～6层牛皮纸复叠而成的纸被。草苫下加一层纸被,不仅增加了空气间隔层,而且弥补了草苫稀松的缺点,从而提高了保温性。

据测试,增加一面由4层牛皮纸叠合而成的纸被,可使室内最低气温提高3℃～5℃,层数越多,保温性能越好。纸被的保温性虽好,但投资高,易被雪水、雨水淋湿,寿命短,管理不便,费工多。

4. 防寒沟

设置防寒沟,是为了防止热量的横向流失,提高室内地温。防寒沟一般设在室外,宽 40～50 厘米,深 40～60 厘米,沟内填干土、干草或其他隔热材料,可使室内前沿 5 厘米地温提高 4℃左右。防寒沟要封顶,以防雨水、雪水流入,降低防寒效果。

5. 进 出 口

温室山墙应设一个进出口(门),进出口一般以设在东山墙为宜,以防西北冷风侵入室内。要设木门,再挂门帘保温。为防止操作人员出入温室时冷风灌入室内,应在东山墙(门)外设一个缓冲间,缓冲间门向南,严寒时节最好挂上门帘。

三、温室桃丰产优质栽培技术规程

以冀东地区温室桃的生产为例,其丰产优质栽培技术规程如下:

(一)果实成熟期与指标

1. 果实成熟期

4 月上旬到 5 月下旬。

2. 产量指标

定植后第二年春(定植后 12～13 个月)平均每 667 平方米产量为 1 500 千克,第三年每 667 平方米产量在 2 000 千克以上。

3. 品质指标

(1)单果重 小果型品种 80～90 克,大果型品种 125～160 克。

(2)可溶性固形物含量 果实可溶性固形物含量为 9%～11.0%。

(3)着　色　1/2 以上果面着红色。

(二)育苗技术

1.培育砧苗

(1)砧木选择　用于瘠薄地桃园者,宜选用山桃。用于较好土壤条件或较潮湿地区者,选用毛桃。要求种粒饱满,生活力达 85% 以上。

(2)种子处理　播种前 90 天,开始沙藏。选用粗河沙,其直径在 0.3~1.0 毫米。沙与种子的体积比为 5~8:1,沙子含水量为 50%,进行冷藏。要防风干,防积水。

(3)砧木苗的培育

①做　畦　畦宽 130 厘米,畦长 8~10 米,畦面每 667 平方米施磷酸二铵 50 千克,并深翻 20 厘米,要求土粒碎而匀整。

②播　种　3 月中旬播种。每个畦播 4 条,播种采用宽窄行,两边采用窄行,行距 25 厘米,中间采用宽行,行距 40 厘米。播种深度为 4 厘米,株距为 10~15 厘米,播种后覆地膜。

③砧木苗的管理　苗木出土后,要及时破膜取幼苗,待幼苗出全后,幼苗高 10 厘米以上时,每 667 平方米追施尿素 20 千克,并充分灌水。至 7 月下旬前,要进行多次除草,并根据土壤墒情进行灌水。

2.嫁　接

(1)嫁接时间　砧木半成苗或二年生成苗,一般于 7 月中下旬到 8 月上旬进行嫁接。速生苗于 6 月份进行嫁接。

(2)嫁接方法　采用"T"字形芽接。

(3)嫁接后的管理　苗木嫁接后 10 天,检查嫁接成活情况,凡是叶柄一触就脱落者,为嫁接成活;不能脱落的为嫁接未成活。对于没能嫁接成活的可以进行补接。嫁接后 20 天,对于成活的要解绑。

以上苗木如当年秋或第二年春季出圃定植,为半成苗。如第二年春季不出圃,可于嫁接芽萌发前在接芽上0.5厘米处剪截,促进接芽的萌发。剪截后的苗木,除了嫁接芽萌发外,还萌发大量的萌蘖,要对萌蘖及时抹除,到第二年秋或第三年春出圃的苗木,为二年生成苗。

3. 苗木出圃

(1)苗木标准　半成苗:基部10厘米处直径在1.0厘米以上,有3条以上直径超过0.4厘米的侧根和较多的细根,嫁接口愈合良好,接芽饱满,芽片新鲜。成苗:苗高1.2米以上,基部10厘米处直径在0.8厘米以上,有3条以上根的直径超过0.4厘米侧根和较多的细根。嫁接口愈合良好,距根颈25～40厘米处(整形带)芽体饱满。

(2)苗木出圃时间　秋季出圃,一般于11月中下旬落叶后到土壤封冻前进行。春季出圃,一般于3月中下旬到4月上旬苗木萌芽前进行。

(3)进行检疫　桃树苗木要接受检疫部门的检疫,并达到所规定的标准。

(三)栽　植

1. 土质要求

桃园土壤,以砂质壤土为好,忌黏质土。

2. 栽植密度

为实现第二年丰产的目的,半成苗栽植密度为1米×1米,成苗栽植密度为1米×1.5米。

3. 栽植前土壤局部改良

为促进幼树的生长,栽植前要求挖定植沟。沟深0.6～

0.8米,宽0.6米。回填土时,要求每667平方米施入有机肥3 000千克或50千克磷酸二铵。

4. 定　植

苗木定植一般在3月下旬到4月上旬进行。定植后,要求充分灌水。定植时,一定不能栽植过深,一般要求浇水后苗木栽植深度,应与苗木在苗圃地时的深度基本相同。

(四)栽植后的管理

1. 地上部管理

(1)半成苗的地上部管理　定植后要求在接芽以上0.5厘米处剪截。为防止接芽被虫子危害,于萌芽前用直径8～10厘米,长25厘米的塑料薄膜袋套上。套袋时,首先在苗木接芽的背面插上一个小木棍,棍长30厘米,插入地面下10厘米。套好后将袋的上下绑扎固定,并在塑料袋上扎些小通气孔。当袋内芽眼萌发展叶后,从顶端撕开小孔,并逐渐加大孔径,直到把袋撤掉。此过程需要10天左右。在接芽萌发的同时,会产生大量的萌蘖。要随时将其抹除,以促进接芽的生长。当接芽生长到35～40厘米,进行摘心定干,促进分枝的产生。定植后;当年采用多枝组丛状形的树,可保留3～5个分枝,对于多于5个分枝的树,要进行适当的疏枝。以后任其自然生长,新梢不再作任何处理。

(2)成苗的地上部管理　定植后,要在距地面35厘米处剪截定干,促进分枝的产生。对于定植当年采用多枝组丛状形的树,一般每株保留3～5个分枝,将其余的分枝删除。以后地上部新梢任其自然生长。

2. 肥水管理

为促进定植后幼树的生长,一般要求幼树新梢生长到10

厘米以上时,进行第一次追肥,肥料种类为氮肥。如用尿素,则每株施 50~100 克,并充分灌水;20~25 天后进行第二次追肥,肥料种类为多元复合肥,如磷酸二铵或撒可富等,每株施 100 克,施后充分灌水。

在定植后到 7 月中旬前,除每次追肥时进行灌水外,还应根据土壤墒情进行 2~3 次灌水,目的在于促进幼树的快速生长。从 7 月中旬到 9 月下旬,要求停止一切肥水供应,抑制幼树生长,使新梢尽早停长,促进花芽的形成。

为弥补 7 月中旬后树体对肥料的需要,改为地上部叶面喷肥,每隔 15 天喷一次光合微肥,共喷 4 次。

9 月下旬进行秋施基肥,每 667 平方米施圈肥 4~6 立方米或磷酸二铵 50 千克,并充分灌水。圈肥可以采用地面撒施,撒施后翻 10~15 厘米深,磷酸二铵可以环状沟施或穴施。此次施肥灌水 20~30 天后进行第二次灌水,10 月上旬再灌水一次。

3. 促花喷药处理

为了促进当年定植的半成苗或成苗当年成花,除了 7 月中旬后严格控制肥水外,在 7 月中旬叶面喷施 500~1 000 毫克/千克的多效唑溶液。喷施时采用淋洗法,要求树冠内外喷透。

4. 叶片保护

能否实现当年定植当年成花,除了采取以上技术措施外,关键在于保护好地上部叶片,严防早期脱落。危害叶片的主要害虫,有红蜘蛛、白蜘蛛、蚜虫和潜叶蛾等,主要病害有穿孔病。应根据不同病虫发生情况,适时喷药防治。

通过一年的管理,当年定植的半成苗,秋季单株平均树高 100~130 厘米,冠幅为 94.1 厘米,干粗 2.01 厘米,形成结果枝 33.7 个,其长、中、短果枝比例分别为 19.7%,63.6% 和 16.7%,花芽 658.9 个,最多单株成花超过 1000 个,每 667 平方米平均有结果枝 20 000 个以上,成花量在 40 万个以上。成苗树平均形成结果枝 34.7 个,其长、中、短枝比例,分别为 29.2%、44.2% 和 20.8%,花芽 596.8 个。

(五)冬季修剪

温室桃树的冬季修剪于落叶后到升温前 10 天内完成。

1. 定植后一年生树的树形

其树形为多枝组丛状形。此树形的特点是,干高 30～35 厘米,主干上着生 3～5 个枝组,每个枝组上可着生 5～7 个结果枝,各个枝组的角度比较小,可丛状着生。在高密栽植下,采用多枝组丛状形的桃树,定植后的当年秋季,株间已交接,行间也近于交接。整形修剪时,除了考虑单株的树形外,更应注意群体结构特点。一般以一行树作为整形单位,通过对一行树中不同单株枝组数量的调整,来改善树体受光情况。

2. 定植后一年生树的修剪

修剪的原则是"因势修剪,强者长留,弱者短留";修剪手法是以疏为主,短截为辅。具体修剪方法同露地桃树修剪。

3. 二年生以后桃树的修剪

在高密度(1 米×1.5 米)栽培条件下,对结果后的桃树要根据树群发育情况进行适当的间伐,对于结果良好、控制比较严格的树,第二年春季采果后,1 米×1 米的密度可改为 1 米×2 米(南北行)。1 米×1.5 米的密度可保持不变。但对于结果少,生长过旺的桃树,可间伐成 2 米×2 米或 1 米×3 米的密度。冬季修剪是在生长季合理修剪的基础上进行的,一般修剪量较小。

(1)树 形 通过夏季树体结构调整后的树,一般可调整为三主枝或二主枝开心形树体结构,但在密植条件下,各主枝上不着生侧枝,只着生枝组。

(2)结果枝的修剪 仍采用以疏为主、短截为辅的修剪方法。但结果枝的短截程度,应随果枝生长势的减弱,而适当加重。原则上还是强者长留,弱者短留。

(六)扣 棚

根据有关材料报道,打破桃树的休眠,一般需要 7.2℃ 以下的低温 600~1 000 小时。为了降低温室内温度,可以在 11 月上中旬,用长寿无滴膜进行扣棚,扣棚后上好草苫,白天密封通风口,夜间打开通风口,使温室内的温度降到 7℃ 以下。

(七)升温到果实采收期间的管理

1. 升温到开花前的管理

一般桃树于 12 月下旬到翌年 1 月初完成自然休眠后,可以升温。所谓升温,是指上午日出后揭开草苫增温,下午日落前盖上草苫保温。

(1)土壤管理 为促进桃树生长,升温后 10 天内结合灌水,进行追肥,并于灌水后进行地膜覆盖。二年生桃树每株可施尿素 100~150 克,3~4 年生桃树每株施尿素 150~250 克。升温后 20~25 天,再灌水一次。

(2)温湿度管理 升温后的温度管理,是关系到桃树花芽能否正常发育的关键。如升温过快,温度过高,会加快桃树开花,但同时会造成性器官的败育,开花后大量落花落果。

温室桃升温后温度变化规律,一般花芽萌芽前温室内的最高温度,应控制在 14℃~16℃,最低温度应控制在 -2℃ 以上,空气相对湿度应控制在 70%～80%。花芽萌动后到开花前应最高温度应控制在 18℃～22℃,最低温度应控制在 5℃以上;空气相对湿度应控制在 60%～70%。升温是个逐渐增温的过程。

2. 花期管理

(1)温湿度管理 在盛花期,最高温度应控制在 20℃～24℃,最低温度应控制在 7℃以上;空气相对湿度应控制在 50%。落花期到果实成熟期,最高温度应控制在 25℃,不要超过 28℃,最低温度应控制为 10℃以上;空气相对湿度应控制为 60%。

(2)授 粉 虽然温室内栽培的桃树,一般为完全花品种,可自花授粉。但在温室内栽培,由于缺乏传粉媒介(蜂类)及空气的流动,会妨碍授粉。因此,为提高坐果率,对温室栽培的桃树,一般均需要进行人工授粉。进行人工授粉时,对于完全花、自花结实品种,无需采集花粉,只要用一个简单的授粉器对准花朵的花心蘸一下就可。授粉时间,一般是从上午 10 时后到下午 3 时。对于没有花粉的品种,则要在开花前采集大气球期的花朵,并提取出花粉供人工授粉用。

3. 花后到果实采收期间的管理

(1)土壤管理 落花后应追肥一次。二年生树每株追施三元复合肥100～150 克,3～4 年生树每株施三元复合肥150～250 克。追肥后,应及时灌水。

(2)疏 果 虽然温室桃有时由于技术处理不当,落花落果严重或产量不足,但在正常情况下,一般表现坐果过多。为提高果实的品质,促进果实的发育,对坐果率高的桃树应进行疏果。疏果时间一般在花后 25～30 天生理落果后进行。疏果的标准为:长果枝一般留 2～6 个果,其中大型果留 2～3

个,中型果留 3～4 个,小型果留 5～6 个;中果枝留 2～4 个
果,大型果留 1～2 个,中型果留 2～3 个,小型果留 3～4 个;
短果枝大型果留 1 个果,小型果留 1～2 个果;花束状果枝每
2 个果枝留 1 个果。

(3)硬核期土壤管理 硬核期应进行一次追肥和灌水,追
施的肥料应以钾、氮肥为主。可用氮磷钾三元复合肥,二年生
树每株施 100～150 克,3～4 年生树每株施 200～300 克。在
果实发育期间,应根据土壤水分变化情况,酌情灌水。一般采
收前 20～30 天应停止灌水,以免降低果实品质。

(4)疏梢和摘叶 由于温室桃树修剪量轻,枝叶量大,光
线通过棚膜又受到一定的损耗等原因,因而使果实的着色受
到不利影响。为促进着色,在果实着色初期应对过密的新梢
进行疏间。在着色中期,可将影响果实着光的叶片摘除。

4. 升温到果实采收期间的病虫害防治

在升温到果实采收期间,温室桃易发生的病虫害,主要是
白粉病、蚜虫、红蜘蛛和白蜘蛛。其防治方法是,桃树发芽前
喷施一次 3～5 波美度石硫合剂铲除病菌;气球期喷一次
1 500～2 000 倍液一遍净防治蚜虫,落花后再喷一次;对于有
红白蜘蛛的温室,可在发生初期喷 20%螨死净水悬浮剂
1 500～2 000 倍液,或 20%扫螨净可湿性粉剂 2 000 倍液。对
发生白粉病的温室,可以喷三唑酮,有效浓度为 25～50 毫克/
千克(5 000～8 000 倍液)。需注意的是,在温室内喷三唑酮
易产生药害,要严禁喷施浓度过高的药液。

(八)果实采收后的管理

栽培温室桃树,一般在 3 月下旬到 6 月上旬采收果实。
采收后,可把棚膜揭掉。采收后的桃树,由于树上没有果实,

因而生长速度加快。如果不加控制,那么,利用毛桃或山桃作为砧木的桃树,到秋季树高可超过温室的高度。

　　为控制树高,促进花芽的形成,一般采收后要进行一次较大的修剪。修剪手法主要是间伐、疏枝、回缩和极重短截。疏枝主要是疏间过密的大枝,减少大枝数量,为保留大枝两侧枝组的生长提供空间。其次是疏间过密的强旺新梢。回缩主要是降低树体高度,即对小主枝进行较重的回缩。一般修剪后的树高为相应部位棚膜高度的 $2/3 \sim 1/2$。极重短截,主要用于控制生长势极强的新梢。通过极重短截可以控长,促进下部抽生新梢,以形成较好的结果枝。为了控制树高、促进花芽的形成,可在 7 月中旬对生长较强的桃树,喷布 $700 \sim 1\,000$ 毫克/千克多效唑（PP_{333}）。

　　保证叶片的正常生长,是确保温室桃连年丰产的基础。因此,在整个生长季节中,要根据病虫害的发生情况,及时用药保护桃叶的健康生长。

第十章 桃果标准化采收、
采后处理与贮运

一、桃果采收

（一）确定采收期

合理确定桃果的采收期，对于保证桃果的优质丰产，提高桃树栽培效益，具有重要意义。桃果的适宜采收期，要根据品种特性、果实用途、市场远近、运输工具和贮藏条件等因素来合理确定。

1. 按成熟度确定采收期

目前，生产上将桃的成熟分为下述几等：

(1) 七成熟 白桃品种果实的底色为绿色，黄桃品种的底色为绿中带黄。果面基本平整，果实硬，毛绒较密。

(2) 八成熟 果皮的绿色大部褪去，白桃呈绿色或乳白色，黄桃大部为黄色。果面丰满，果实稍硬，毛绒变稀。着色品种，阳面已经着色。果实开始出现固有的风味。

(3) 九成熟 果皮的绿色基本褪尽，白桃呈乳白色，黄桃呈黄色或橙黄色。果面丰满光洁，毛绒稀，果肉有弹性，充分表现品种的固有风味。着色的品种充分着色。

(4) 十成熟 果皮无残留绿色。溶质品种果肉柔软，汁液多，果皮易剥离，稍压伤即出现破裂或流汁。不溶质品种，果肉弹性下降；硬肉品种及离核品种，果肉开始发绵或出现粉质,鲜食口味最佳。

2. 按果实用途确定采收期

一般市场较近的鲜销桃,宜在八九成熟时采收。市场远,需长途运输的桃果,要在七八成熟时采收。溶质桃宜适当早采收,尤其是软溶的品种更应稍早一点采收,以减少运输途中的损耗。贮藏用的桃,一般在七八成熟时采收。加工原料用的不溶质桃,可在八九成熟时采收。此时采收的果实,加工成品色泽好,风味佳,加工利用率也较高。

3. 采收时间

在露水退尽后至上午 10 时之前采收为宜。其次是傍晚。中午高温或雨中采收桃果,损耗会增多,不宜采摘。雨后果实糖度会降低 1%～2%,而且易压伤与腐烂,要过 2～3 天再采摘。采摘时,要将果实上的水分擦干。

不得已需在高温下采摘时,要把采后的桃放在通风阴凉处,降低果实温度,以减少呼吸量,避免果实软烂。

4. 采摘频率

采摘前期每隔两天采摘一次,旺季可以天天采摘。

(二)采收方法

1. 统筹安排

采收前,要做好准备工作。估计好产量,依此准备采收时所需的果梯、果筐、包装材料和场地等。同时,组织人力,按采收、包装和装运等项目,安排专门人员,各负其责。

2. 分期采摘

桃成熟期不一致,一般需分期采摘。采收时,因桃的果实多数较柔软多汁,故工作人员应戴好手套,或剪短指甲,以免划伤果皮。

3. 小心摘果

采果时,要轻采轻放,不可用手指压捏,不能强拉果实,而应用手托住桃果,微微扭转,顺果枝侧上方摘下,以免碰伤。对果柄短、梗洼深和上肩高品种的果实采摘时不能扭转,而应全掌握果,顺枝摘取。蟠桃果柄处果皮易撕裂采摘时应注意。

采果篮子不宜过大,以5~7.5千克装量为宜。篮内要垫上海绵或麻袋片,以防损伤果实。树上果实的采收顺序是,由外向里,由上往下,逐枝采收。另外,采摘时要保留果柄。

二、桃果采后处理

(一)预 冷

采收后,要将果实及时置于阴凉通风处,降低桃果温度,达到预冷效果。预冷对维持桃果的保鲜度非常重要。预冷果品在32℃时保管1小时,相当于未预冷果品在0℃保管7天。有条件的地区,可以利用设施预冷。预冷主要有强制通风冷却、压差通风冷却、冰水预冷和真空冷却,温度为0℃~3℃。

1. 强制通风预冷

利用冷风机强制冷空气在果实包装箱之间循环流动,从而对箱内桃果进行冷却。这种方式,投资较少,操作简单,适用品种多,能将多种类桃果冷却。其缺点是冷却速度慢,需配设加湿装置。

2. 差压通风预冷

对带有通风孔的包装箱,进行特殊方式堆码,使用差压风机在包装箱的两侧造成压力差,使库内冷空气从包装箱内部通过,直接接触桃果表面进行冷却。其冷却时间通常是强制通风预冷的 1/4。冷却均匀,无死角,几乎适用于任何种类果蔬。但投资比强制通风预冷略高,有的品种会略微出现枯萎现象,堆码也略费工时等。

3. 冷水预冷

用冰水浸渍或喷淋的方式冷却桃果。冷却速度快,兼有清洗功能。但桃果被水润湿,易带细菌,不利于长时间贮存。

4. 真空预冷

真空预冷是将桃果放入减压室进行减压处理,降低水的沸点,从而使水分蒸发,利用夺取桃果的蒸发潜热而冷却。冷却速度非常快,也很均匀。但设备投资非常高,多数还需有配套冷库。预冷后的桃果要及时分级,防止失水。

(二)挑选分级

分级时应剔除未熟果、腐烂果、病虫害果、压伤果和异形果。挑选一般采用人工作业方式,分级可以采用机械。有条件的地区还应根据桃果的品种、大小、颜色和成熟度,进行挑选,使之规格统一,提高商品性。分级标准可参考表 10-1。

表 10-1　桃果等级规格

项　目	等　级		
	特　等	上　等	中　等
挑　选	分别统一大小	分别统一大小	分别统一大小
色　泽	品种原色优秀	品种原色优秀	未达到特等、上等
糖　度	依品种,一般为 10°Bx 以上	不适用	不适用
重瑕疵果 *	无	无	无
轻瑕疵果 * *	几乎没有	几乎没有	未达到特等、上等

* 重瑕疵果:是指异品种、腐烂果、变异果、未熟果、过熟果、病虫害果及其他有明显破损的桃果

* * 轻瑕疵果:是指形状不好、有挫伤、外观有缺陷及其他轻微缺点的桃果

(三)贮 藏

桃果分级后,要及时贮存到 0℃～1℃的冷库内。库内氧气浓度为 2%～5%,二氧化碳浓度为 2%～5%,空气相对湿度为 80%～85%。

有条件的地区在桃果分级后,可以进行热激处理和涂蜡,然后再贮藏。

(四)热激处理

对桃果进行热激处理,有水热激处理和空气热激处理两种方法。水热激处理,是用 42℃热水浸泡桃果 5 分钟,可提高大久保等品种桃果在相同冷藏条件下的抗冷性,使果实后熟正常,而且保持较高的出汁率和正常的食用品质。采用空气热激处理保鲜设施,可在 25℃～70℃范围内任意调控,并可控制风速。

对桃果进行两天的 35℃温度处理,能够提高桃果贮藏期间的果肉硬度,显著降低贮藏前期果实的呼吸强度。可溶性固形物含量不受热处理的影响,果实贮藏 15 天,仍能保持良好风味。

(五)涂 蜡

将热熔石蜡涂被于桃果表面之上,可以减少失水,降低干物质消耗,适当地抑制呼吸,减缓果实衰老,并使果实呈现诱人的色泽,改善外观,提高商品外观质量。现在广泛采用将水溶性蜡溶于水中,以喷雾方式涂被。在蜡液中加入二氧化氯保鲜剂,保鲜与改善外观的效果更好。二氧化氯保鲜剂无毒性,无刺激,性状稳定,无残留,无副作用,不污染环境,还具有高效灭菌的作用。

三、桃果包装与标志

桃果不耐震动、磕碰和摩擦。因此,用来包装它的容器,要坚固、耐压,有一定支撑力,以保持其良好的商品状态、品质和食用价值。

包装不宜过大,一般每件装果量不要超过 15 千克。生产上多采用木浆纸箱、木箱与塑料周转箱等包装容器。它可以使产品在处理、运输、贮藏和销售过程中,便于装卸和周转,减少因相互摩擦、碰撞和挤压等所造成的损失。还能减少产品的水分蒸发,保持产品的新鲜,提高贮藏性能。

桃果采收后,用包装纸或塑料泡沫网套,进行单果包裹。然后把包好的桃果整齐、紧密地码放在容器内,并在层与层之间用纸板隔开,在单果之间用瓦楞纸隔开。这样,可避免果实相互摩擦或挤伤。

目前,销售包装逐渐向小型化发展,有笼格、小篮与小型果箱等。因此,对桃果采用安全、合理、适用、美观的包装,对于提高桃果的商品价值、商品信誉和商品竞争力,也是至关重要的,特别是对于打入超市和外销的桃果,这种包装更为重要。一定要认清这种形势,努力把桃果的商品包装搞好。

(一)内包装

内包装,实际上是为了尽量避免果品受震动或碰撞而造成损伤,和保持果品周围的温度、湿度与气体成分小环境的辅助包装。通常,内包装为衬垫、铺垫、浅盘、各种塑料包装膜、包装纸及塑料盒等。聚乙烯(PE)等塑料薄膜,可以保持湿度,防止水分损失,而且由于果品本身的呼吸作用能够在包装内形成高二氧化碳量、低氧气量的自发气调环境,因而是桃的最适内包装。

(二)外包装

桃果皮薄肉嫩,不耐震荡、碰撞和摩擦。所以,包装容器要小,一般以 10～15 千克的装量为宜,而且要有一定的支撑力。目前,桃的外包装以纸箱最为合适。它箱形扁平,轻便,每箱装两层,用隔板定位,可避免摩擦挤压。箱边应打通气孔数个,以确保通风透气。装箱后用胶带封牢。在生产中,也可以用木箱、泡沫塑料箱和较牢固的竹筐等。

每一包装上应标明产品名称、品种名称、商标、产品的标准编号、产地或生产单位名称、详细地址、规格、净含量和包装日期等,标志上的字迹应清晰、完整和准确。

四、入库后的管理

(一)保持温湿度

要保持冷库温度在 0℃～1℃,空气相对湿度为 80%～85%。湿度过大,易引起腐烂,加重冷害的症状;湿度过低,会引起过度失水和失重,损害桃果的商品性,从而造成不应有的经济损失。这两种情况,都要加以防止。

(二)控制气体条件

库内每天早晨通风换气,确保二氧化碳含量在 2%～5%,氧气含量在 2%～5%。

美国多采用氧气占 1%，二氧化碳气占 5%的气体条件。此条件下，可使桃的贮藏时间增加 1 倍。因此，要积极创造这种气体环境条件，提高桃果贮藏的效益。

（三）定期抽查

定期抽样检查果实，每垛果实的上、中、下随机取果检查。一旦发现问题，就要及时进行处理，以确保贮藏桃果的新鲜和完好。

（四）控制冷害

桃果长期处在 0℃的温度条件下，易发生冷害。目前控制冷害有以下两种方法：一种方法是间歇加温，如将桃先放在－0.5℃～0℃下贮藏 15 天后，升温到 18℃库温下贮两天，再转入低温贮藏，如此反复进行；另一种方法是采用两种温度对桃果进行处理。将采后的果实，先放在 0℃的温度下贮藏 2 周，再转入 5℃的温度下贮藏。

美国为了防止冷害，就采用在 0℃，氧气 1%、二氧化碳 5%的条件下，作气调贮藏。气调贮藏期间，每隔 3 周或 6 周，对气调桃进行一次升温，然后恢复到 0℃，在 0℃下贮藏 9 周后出库，并在 18℃～20℃下放置熟化，然后出售。这种方法比一般冷藏寿命延长 2～3 倍。

（五）防腐保鲜处理

桃果在贮藏过程中，易因感染病害而腐烂。若进行低温和气调贮藏，则可抑制病害的发生。若进行低温和气调外加防腐保鲜剂贮藏，则贮藏的效果最佳。常用的药剂，有仲丁胺及 1 号固体熏蒸剂和 CT 系列保鲜剂等，以及 TBX 药纸等。

五、桃的运输

桃果的长途运输,需采用冷链系统。即采后立即进入冷库预冷至 0℃ 左右,然后装车在较低温度下运输。

运输温度通常以 5℃～10℃ 较为经济,最高不宜超过 12℃～13℃。在 5℃～10℃ 的温度下,途经 7～10 天到达销售地,果实仍可保持运前水平。运输时间超过 10 天或贮藏后外运的桃,运输温度应保持在 0℃～5℃。如有条件,运输工具最好用冷藏车。

桃果预冷后,采用普通保温车厢或普通货车,用棉被等保温材料进行短期运输,也可达到良好的运输效果。

第十一章　桃果的安全优质标准

我国的国家标准、行业标准和地方标准对桃果的安全优质生产,作出了较为详细的规定,内容包括感官标准、产品规格、理化标准和卫生安全标准。

一、桃果的感官要求和分级

桃果的规格受多种因素影响,很难整齐划一。为了使出售的桃果规格一致,实现优质优价,并便于包装和贮运,就必须对采收的桃果认真进行分级。

目前,我国尚无统一的分级标准。所谓分级,通常是剔除腐烂果、伤果、病虫果以及形状不整、色泽不佳、个小或重量不足的果实,剩余的即为好果。

桃无公害标准化栽培,其果实的感官要求,应符合我国农业行业标准 NY5112—2002《无公害食品　桃》的规定,即表11-1 所列的无公害食品桃的感官要求。可参照表 11-1 和表11-2 所列北京市现行分级标准,进行桃果的分级。成熟度合适,果个较大,即可定为一级;稍小的,定为二级;再小的,定为三级;太小的,有轻伤,成熟度不合适者,划为等外果品。

表 11-1　无公害食品桃的感官要求

项　　目	指　　标
新鲜度	新鲜、清洁、无不正常外来水分
果　形	具有本品种的基本特征

续表 11-1

项　　目	指　　标
色　泽	具有本品种成熟时固有的色泽,着色程度达到本品种应有 着色面积的 25% 以上
风　味	具有本品种特有的风味,无异常气味
果面缺陷	雹伤、磨伤等机械伤总面积不大于 2 平方厘米
腐　烂	无
果肉变质	无
整齐度	果重差异不超过果重平均值的 5%

表 11-2　北京市主要桃品种果实的分级标准

品　　种	等级果个数(个/500 克)			
	一　级	二　级	三　级	等　外
大久保	3	4	4 个以下	有病虫果或残伤
白　凤	3	4	4 个以下	有病虫果或残伤
庆　丰	4	5	4 个以下	有病虫果或残伤
玉　露	4	5	5 个以下	有病虫果或残伤
白　花	3	4	4 个以下	有病虫果或残伤
燕　红	3	4	4 个以下	有病虫果或残伤

二、桃果的理化标准

理化指标主要包括可溶性固形物、总酸含量等,是对果品分级的更高要求,需要专门的仪器进行测定。目前已经开发出能够实现无损检测的仪器并投入使用。无公害桃果,亦即

A 级绿色食品桃果的理化性质标准如表 11-3 所示。

表 11-3　A 级绿色食品——鲜桃　理化性质

（NY/T 424—2000）

项　　目	品　　种				
	极早熟品种	早熟品种	中熟品种	晚熟品种	极晚熟品种
可溶性固形物(20℃,%)	≥8.5	≥9.0	≥10.0	≥10.0	≥10.0
总酸(以苹果酸计)	≤2.0	≤2.0	≤2.0	≤2.0	2.0
固酸比	≥10	≥10	≥10	≥10	≥10

三、桃果的卫生安全标准

无公害食品桃必须达到诸多方面的卫生安全指标。只有符合以下各项标准的桃果,才是安全卫生的无公害食品,人们食用后有利于健康,而无副作用。无公害食品桃的卫生标准参见表 11-4。

表 11-4　无公害食品桃的卫生标准　（NY 5112—2002）

序　号	项　　目	指标(毫克/千克)
1	敌敌畏(dichlorvos)	≤0.2
2	乐果(dimerhoate)	≤1
3	百菌清(chlorothalond)	≤1
4	多菌灵(carbendazim)	≤0.5
5	三唑酮(triadimefon)	≤0.2
6	氰戊菊酯(fenvalerate)	≤0.2
7	毒死蜱(chlorpyrifos)	≤1

序　号	项　　　目	指标(毫克/千克)
8	溴氰菊酯(deltamethrm)	≤0.1
9	辛硫磷(phoxim)	≤0.05
10	qmk(以 Pb 计)	≤0.2
11	汞(以 Hg 计)	≤0.01

四、落实质量标准,提高桃栽培效益

推广桃标准化生产技术规程,把握桃标准化生产的桃果质量标准,规范大桃生产行为,就能提高产品质量,促进大桃的内销与出口,增加农民收入,产生良好的经济和社会效益。

北京市平谷区作为大桃标准化生产的先行者,已建成全国最大的桃标准化生产基地。2001 年被国家质量监督检验检疫总局批准为"国家农业标准化示范区",其中 2 000 公顷被中国绿色食品发展中心批准使用绿色食品商标标志。仅2002 年,出口到俄罗斯、法国、日本、韩国和新加坡等 13 个国家和地区,出口量 3 000 吨,产值 1.87 亿元,利税 1 490 万元。

大桃的前景是光明的,但推广标准化的形势仍然严峻。因此,要大力推广大桃标准化生产,寻找有益的生产、推广模式,制定并健全相关法律制度,构建并完善标准推广体系,鼓励果农实施标准化生产规程。坚持以市场为导向,转变观念,积极实行桃标准化生产规程,获得更高的效益,把桃树栽培管理水平提高到客观实际所要求的高度。

附　录　北京市平谷区桃树病虫害周年防治历

1～2月份

1. 对较大剪锯口及时涂抹保护剂，或商品保护剂，或猪大油。剪锯后涂一次，两周以后涂一次，3月份再涂一次，以利于伤口愈合，预防木腐病、天牛、透翅蛾和吉丁虫的危害。

2. 结合修剪，剪除病虫枝和病僵果，集中销毁，减少褐腐病、炭疽病和果面红斑症菌源。

3. 抹杀枝杈处、枯叶下的卷叶蛾幼虫及其他害虫。

4. 解除大枝上绑缚的诱虫布条、树干上的草把和树上的纸袋，集中销毁。

5. 有草履蚧发生的桃园，1月初在树干上缠10厘米宽的胶带，阻止害虫上树，并及时抹杀胶带下的害虫。

6. 粉碎或深埋玉米秸、高粱秆、向日葵花盘及棉花秸、蓖麻遗株，消灭桃蛀螟越冬幼虫。

7. 2月份刮除老翘皮，集中销毁，消灭越冬害虫。

3月份

1. 清园。清理树下、树上、园边、路边、市场的僵果、落叶、残枝和杂草，埋入土中30厘米深，降低褐腐病、根霉软腐病、疮痂病和炭疽病等病菌的菌源及越冬害虫数量。

2. 结合疏花芽，掰除桃拟生瘿螨危害的虫芽。

3. 刮腐烂病斑，清除枝干上的流胶，涂施纳宁100倍液。

4. 有细菌性黑斑病、炭疽病发生的桃园，在桃树发芽前喷施70%氢氧化铜可湿性粉剂1 000倍液，达到淋洗式程度。喷氢氧化铜后不能再喷石硫合剂。

5. 无细菌性黑斑病和炭疽病发生的桃树，在桃树发芽前细致喷一次3波美度石硫合剂。

6. 对上一年桃瘤蚜发生较重的桃树,在发芽前喷99%绿颖200倍液,重点喷小枝条,杀灭越冬蚜卵。

7. 3月下旬,地面喷施辛硫磷300倍液(每667平方米用药约1千克),4小时内松土,使药与土混合。消灭一些地下越冬的食心虫和金龟子等害虫。

4月份

1. 发芽后,挂害虫性诱剂、糖醋液(配比为红糖∶醋∶白酒∶水=1∶4∶1∶16)盆诱杀害虫,并启用频振式杀虫灯。

2. 对有冠腐病的树,扒堆晾根颈,刮病斑,涂53%金雷多米尔锰锌或69%安克锰锌150倍液,雨季过后封堆。

3. 见花始期,防治蚜虫、卷叶虫、梨小食心虫、潜叶蛾、扁平蚧和金龟子,喷10%吡虫啉3 000倍液加25%灭幼脲1 500倍液与20%毒死蜱2 000倍液的混合液。

4. 落花70%时,防治蚜虫、梨小食心虫、卷叶虫和绿盲蝽等,喷2.5%扑虱蚜2 000倍液加20%除毒1 500倍液的混合液,有红蜘蛛发生的树,喷时加20%螨死净2 000倍液。

5. 有细菌性黑斑病的桃园,落花后喷药防治,选用20%龙克菌悬浮剂500倍液,或50%喹啉铜可湿性粉剂3 000倍液。可与杀虫剂混用。

6. 防治红颈天牛,在生长季用注射器向蛀孔内灌注足量的80%敌敌畏150倍液,然后将注药孔用黏泥封严。发现一个蛀孔,处理一个。防治透翅蛾幼虫,在危害部位涂柴油加80%敌敌畏100倍液。

5月份

1. 有细菌性黑斑病发生的桃园,在桃幼果期轮换选用20%龙克菌悬浮剂500倍液,或50%喹啉铜可湿性粉剂3 000倍液,或锌铜石灰液,隔10～15天喷一次。

2. 有疮痂病发生的桃园,幼果脱除萼片后喷药,隔10～15天喷一次。交替用80%大生600倍液,或80%成标1 000倍液,或40%福星4 000倍液,喷到套袋前为止。

3. 有炭疽病发生的桃园,幼果脱除萼片后喷药,隔10～15天喷一次,交替选用世高2 000倍液,或百泰1 500倍液,福星4 000倍液。果实套袋园喷到套袋前为止。

4. 有桃果红斑症发生的桃园。幼果脱除萼片后喷药,隔10～15天喷一次,交替选用大生600倍液,或50%喹啉铜可湿性粉剂3 000倍液,百泰1 500倍液。果实套袋桃园喷到套袋前为止。

5. 剪除梨小食心虫、卷叶虫和瘤蚜危害梢,集中销毁。

6. 有桃拟生瘿螨(果面斑点褐色)发生的桃园,幼果期每隔10天喷一次0.2～0.3波美度石硫合剂,或45%晶体石硫合剂300～400倍液,50%硫悬浮剂300～400倍液。

7. 5月中旬防治桃蛀螟和绿盲蝽,轮换选用3.2%金甲维盐1 500倍液,或40%毒死蜱1 500倍液。

有桑白蚧、康氏粉蚧的桃园,加21%乐盾1 000倍液。

8. 5月底至6月初,防治梨小食心虫、卷叶虫和潜叶蛾,喷布灭幼脲三号1 000～1 500倍液加1.5%华戎1号5 000倍液,或20%除毒1 500倍液。

9. 防治红颈天牛和透翅蛾,参照4月份防治红颈天牛的方法进行。

10. 防治桃绿吉丁虫,在5～6月份成虫期,对桃树喷洒50%辛硫磷乳剂1 000倍液。注意每次喷药都要把枝干喷湿。

6月份

1. 有细菌性黑斑病发生的桃园,轮换选用20%龙克菌悬浮剂500倍液,或50%喹啉铜可湿性粉剂3 000倍液或锌铜石灰液,隔10～15喷一次。套袋后,还要继续保叶。

2. 有疮痂病发生的桃园,隔10～15天喷一次药。轮换选用80%大生600倍液或,80%成标1 000倍液,40%福星4 000倍液。果实套袋桃园喷到套袋前,果实不套袋桃园喷到采收前15天为止。

3. 有炭疽病发生的桃园,隔10～15天喷一次药,轮换选喷世高2 000倍液,或百泰1 500倍液,福星4 000倍液。果实套袋园喷到套袋前为止,不套袋园喷到采收前15天为止。

4. 有桃果红斑症发生的桃园,每隔 10~15 天喷一次药,轮换选喷大生 600 倍液,或 50％喹啉铜可湿性粉剂 3 000 倍液,百泰 1 500 倍液。果实套袋的桃园喷到套袋前为止,果实不套袋的桃园喷到采收前 20 天为止。

5. 防治褐腐病,果实在 6 月 10 日以后套袋的桃园,套袋前喷一次 40％的福星 4 000 倍液,不套袋桃园采收前 45 天喷一次 80％大生 600 倍液。

6. 防治根霉软腐病,套袋果摘袋后,不套果采收前 7 天,及时喷一次 25％阿米西达 3 000 倍液,或翠贝 3 000 倍液等。

7. 及时摘除桃树上的病虫果,连同树下的病、虫残果,集中深埋于 30 厘米深的地下。

8. 防治梨小食心虫、卷叶虫和潜叶蛾。果实不套袋桃园隔 10~15 天喷一次药,轮换选喷灭幼脲三号 1 000~1 500 倍液加 1.5％华戎 1 号 5 000 倍液,20％除毒 1 500 倍液,3.2％金甲维盐 1 500 倍液。在果实套袋桃园,要注意防治潜叶蛾。

9. 有康氏粉蚧的桃园,套袋前喷布 21％绿盾 1 000 倍液。

10. 6 月上中旬,有桃拟生瘿螨(转芽为害盛期)的桃园,连续喷 2~3 次 0.2~0.3 波美度石硫合剂,或 45％晶体石硫合剂 300 倍液。

11. 6 月中旬,有扁平蚧发生的桃园,喷布 5％蚧杀地珠 1 000 倍液。

12. 防治红白蜘蛛和跗线螨,选用 0.2~0.3 波美度石硫合剂,或 50％硫悬浮剂 300~400 倍液,10％螨除尽 2 000 倍液。

13. 防治红颈天牛,在 6 月 20~25 日,选用 40％毒死蜱或高效氯氰菊酯 500 倍液,混入黏土,对树干和骨干枝基部进行涂刷,杀灭红颈天牛的卵和初孵幼虫(1~3 年生桃树不用施药)。用糖醋液诱杀成虫,效果很好。

14. 剪除梨小食心虫、卷叶虫和瘤蚜危害梢,集中销毁。

7 月份

1. 有细菌性黑斑病发生的桃园,轮换选用 20％龙克菌悬浮剂 500 倍液,或 50％喹啉铜可湿性粉剂 3 000 倍液,或锌铜石灰液,隔 10~15

天喷一次,以保护叶片。

2. 有疮痂病发生的桃园,隔 10～15 天喷一次药,轮换选用 80％大生 600 倍液,或 80％成标 1000 倍液,或 40％福星 4000 倍液。不套袋桃园喷到采收前 15 天为止。

3. 有炭疽病发生的桃园,隔 10～15 天喷一次药,轮换选喷世高 2000 倍液,或百泰 1500 倍液,福星 4000 倍液。套袋桃园喷到套袋前为止,不套袋桃园喷到采收前 15 天为止。

4. 有桃果红斑症发生的桃园。隔 10～15 天喷一次药,轮换选喷大生 600 倍液,或 50％喹啉铜可湿性粉剂 3000 倍液,百泰 1500 倍液。果实不套袋桃园喷到采收前 20 天为止。

5. 防治褐腐病,桃果 6 月 10 日以后套袋的桃园,套袋前喷 1 次 40％的福星 4000 倍液。不套袋桃园采收前 45 天喷一次 80％大生 600 倍液。采收前 30 天,喷一次 40％福星 4000 倍液。采收前 7～10 天,选喷阿米西达 3000 倍液或翠贝 3000 倍液,或凯润 3700 倍液。

6. 防治根霉软腐病,套袋果摘袋后,不套果采前 7 天,及时喷一次 25％阿米西达 3000 倍液或翠贝 3000 倍液或凯润 3000 倍液。

7. 及时摘除树上的病虫果,连同树下的病、虫残果一起,集中深埋于 30 厘米以下的地下。

8. 防治梨小食心虫、卷叶虫和潜叶蛾。果实不套袋桃园 10～15 天喷一次药。果实套袋园,为避免食心虫、卷叶虫从袋口进入,危害果柄周围,造成烂果落果,要在采收前 1 个月进行防治。隔 10～15 天喷一次药,一直喷到解袋前为止。轮换选用灭幼脲三号 1000～1500 倍液加 1.5％华戎 1 号 5000 倍液,或 20％除毒 1500 倍液,3.2％金甲维盐 1500 倍液。

9. 防治红白蜘蛛和跗线螨,选喷 0.2～0.3 波美度石硫合剂,或 50％硫悬浮剂 300～400 倍液,10％螨除尽 2000 倍液。

10. 防治红颈天牛,在 7 月 5～10 日,选用 40％毒死蜱或高效氯氰菊酯 500 倍液,混入黏土,对树干和骨干枝基部进行涂刷,杀灭其虫卵和初孵幼虫。

11. 剪除梨小食心虫、卷叶虫和瘤蚜危害梢,集中销毁。

8 月份

1. 有疮痂病发生的桃园，隔 10～15 天喷一次药进行防治。轮换选喷 80％大生 600 倍液，80％成标 1 000 倍液，或 40％福星 4 000 倍液。在不套袋桃园，喷到采收前 15 天为止。

2. 有炭疽病发生的桃园，隔 10～15 天喷一次药进行防治，轮换选喷世高 2 000 倍液，或百泰 1 500 倍液，福星 4 000 倍液。在果实不套袋桃园，喷到采收前 15 天为止。

3. 有桃果红斑症发生的桃园，隔 10～15 天喷一次药进行防治，轮换选喷大生 600 倍液，或 50％喹啉铜可湿性粉剂 3 000 倍液，百泰 1 500 倍液。在果实不套袋桃园，喷到采收前 20 天为止。采收前 7～10 天和果实套袋桃园解袋后，选喷阿米西达 3 000 倍液，或翠贝 3 000 倍液，凯润 3 700 倍液。

4. 防治褐腐病，果实不套袋桃园采收前 45 天喷一次 80％大生 600 倍液，采收前 30 天喷一次 40％福星 4 000 倍液，采收前 7～10 天和果实套袋桃园解袋后，选喷阿米西达 3 000 倍液，或翠贝 3 000 倍液，凯润 3 700 倍液。

5. 防治根霉软腐病。在套袋果摘袋后，不套果采收前 7 天，及时喷布一次 25％阿米西达 3 000 倍液，或翠贝 3 000 倍液，凯润 3 700 倍液。

6. 及时摘除树上的病虫果，连同树下的病、虫残果，集中深埋于 30 厘米以下的地下。

7. 防治梨小食心虫、卷叶虫和潜叶蛾。在果实不套袋桃园，每隔 10～15 天喷一次药。在果实套袋桃园，为避免食心虫和卷叶虫从袋口进入，为害果柄周围，造成烂果落果，要在采收前 1 个月进行防治。每隔 10～15 天喷药一次，一直喷到除袋前为止。交替选喷灭幼脲三号 1 000～1 500 倍液加 1.5％华戎 1 号 5 000 倍液，或 20％除毒 1 500 倍液，3.2％金甲维盐 1 500 倍液。

8. 防治红白蜘蛛和蛴线螨，选喷 0.2～0.3 波美度石硫合剂，或 50％硫悬浮剂 300～400 倍液，10％螨除尽 2 000 倍液。

9.8 月中下旬，在主干上绑草把，骨干枝上绑布条，并在采收桃果时均匀保留 30～50 空袋,诱集越冬害虫,予以消灭。

9 月份

1. 防治褐腐病、根霉软腐病和桃果红斑症。在果实不套袋桃园,在采收前 7～10 天,果实套袋桃园除袋以后喷一次药。药剂可选用阿米西达 3 000 倍液,或翠贝 3 000 倍液,凯润 3 700 倍液。

2. 及时摘除树上的病、虫果,连同树下的病、虫残果,集中深埋于 30 厘米以下的地下。

3. 防治梨小食心虫和卷叶虫。果实套袋桃园,在除袋前 3～5 天喷一次药,选用 1.5% 华戎 1 号 5 000 倍液,或 20% 除毒 1 500 倍液,3.2% 金甲维盐 1 500 倍液。

4. 采收时在树上保留 30～50 个空袋诱集越冬害虫。

10 月份

1. 10 月中旬,对幼树防治浮尘子,喷布 40% 毒死蜱 1 500 倍液,或 4.5% 高效氯氰菊酯 1 500 倍液。发生量大的桃园,10 月下旬再喷一次药。

2. 10 月中下旬,对桃树主干和骨干枝涂白,预防日烧、冻害及枝干病害。涂白剂的配比为水 30:生石灰 8:盐 1.5,混合调制。

11 月份

1. 完成翻地、施肥和灌水工作。

2. 开始进行树体保护和清园工作。

12 月份

1. 总结当年栽培管理工作,进行技术培训。

2. 开始进行冬季修剪和防治病虫害,继续做好清园与树体保护工作。

参考文献

1 宋福，王有年，张玉林等．桃产品质量及生产技术规程标准研究与推广［J］．北京农学院学报，2004，19(3):1～7

2 于冷．国内外农业标准化发展概况［J］．中国标准化，2000，(3):43～44

3 任建新，李新峰，牛玉柱等．果品生产标准化浅析［J］．河北林业科技，2006，(3):31

4 郑英宁，朱玉春．论中国农业标准化体系的建立与完善［J］．中国农学通报．2003，19(4):115～119

5 苟金萍，陈杭，秦垦．农业标准化及标准编制［J］．宁夏农林科技，2005，(1):35～38

6 焦宏．现代农业标准化先行［J］．农村实用技术与信息，2003，(3):54

7 李忠权，王晓光．农业综合标准化和农业标准体系的关系［J］．中国标准化，1999，(5):12

8 李应中．农产品标准化生产的内涵及其发展动向［J］．中国农业信息，2003，(3):6～7

9 杨汉明，李铜山，张明勤．论中国农业标准化体系建设［J］．中州学刊，2001，(4):46～50

10 郑英宁，朱玉春．论中国农业标准化体系的建立与完善［J］．中国农学通报，2003，19(2):115～118

11 杜卫东．WTO与中国标准化［J］．中国果菜，2003，(1):7～8

12 黄军保，李晓梅．果树生产标准化的制约因素分析［J］．中国农学通报，2005，21(1):252～254

13　姜全，赵剑波，陈青华等．无公害桃标准化生产[Z]．北京：中国农业出版社，2006

14　张克斌，张鹏．桃无公害高效栽培[Z]．北京：金盾出版社，2004

15　李金光，姚允聪，贾稀．桃树三高栽培技术[Z]．北京：中国农业大学出版社，1997

16　陈海江，邵建柱，张殿生等．桃高效栽培教材[Z]．北京：金盾出版社，2005

17　何小明．桃树优良新品种及标准化栽培技术[J]．安徽农业科学，2004，32(2)：401~404

18　王力荣，朱更瑞，方伟超等．适宜制汁用桃品种的初步评价[J]．园艺学报，2006，33(6)：1303~1306

19　赵剑波，姜全，郭继英．桃砧木 GF677 的研究进展[J]．河北果树，2006，(2)：1~3

20　GB 19175—2003，桃苗木[S]

21　邹文静．桃树旱作栽培技术[J]．河北农业科技，2007，(1)：33

22　GB 3095—1996，环境空气质量标准[S]

23　GB 15618—1995，土壤环境质量标准[S]

24　GB 5084—2005，农田灌溉水质标准[S]

25　周岳良，柳旭波，周慧娟，吴建峰，徐显祯．山地果园标准化建立初报[J]．浙江林业科技，1999，6(19)：79~82

26　姚素兰．桃树春季管理技术[J]．河北农业科技，2007，(1)：29

27　张巧玲．岷县花卉业发展滞后的原因及对策[J]．农业科技与信息，2006，(7)：15~16

28　马瑞娟，杜平，俞明亮．桃优质无公害栽培技术[J]．江苏农业科学，2006，(3)：101~102

29　王从欣．无公害桃生产关键技术[J]．瓜果菜，2006，(12)：14~15

30　来宽忍，史双院，赵凯，李俊，白佳．按品种对桃树进行标准化的栽培管理技术探索[J]．陕西农业科学．2004，(6)：87~88

31　马瑞娟，杜平，俞明亮．桃优质无公害栽培技术[J]．江苏农业科学，2006，3：101～102

32　宋福蘩，王有年，张玉林等．桃产品质量及生产技术规程标准研究与推广[J]．北京农学院学报，2004，3(19)：1～7

33　孟月华，李付国，贾小红等．美国加利福尼亚州桃园管理技术[J]．世界农业．2006，(9)：50～51

34　邹文静．桃树旱作栽培技术[J]．河北农业科技，2007，1：33

35　何小明．桃树优良新品种及标准化栽培技术[J]．安徽农业科学，2004，32(2)：401～404

36　王宝昌，王芝云，李浙青等．中晚熟桃裂缩果的综合防治技术[J]．烟台果树，2006，(3)：44

37　张谡．桃褐腐病的危害特征及防治措施[J]．内蒙古林业，2006，(5)：22

38　牛志达，谢中磊，张春燕．桃疮痂病的发生与综合防治技术[J]．果农之友2007，(1)：43

39　王新平，闫芝娟．油桃疮痂病发病原因与防治措施[J]．西北园艺，2006，(10)：23～24

40　王欣，侯林洲，李怡萍．桃缩叶病的发生与防治[J]．陕西农业科学2006，(1)：128

41　徐爱霞，魏钊，程菲．三种桃树穿孔病的识别与防治[J]．西北园艺，2007，(2)：23

42　林信．桃杏李树流胶病的防治[J]．农村实用技术，2006，(10)：29

43　李仁芳，张振军，李瑞芝等．果树根癌病的发生与防治[J]．落叶果树，2003，(6)：59

44　刘正君．桃小食心虫的发生与防治[J]．植物保护，2006，19(8)：17

45　间亚军，王永潮，郑文娟等．桃一点叶蝉发生规律与综合防治[J]．西北园艺，2006(12)：23～24

46　刘海军，康春生，陈彩辉．桃小绿叶蝉的综合防治技术[J]．

河南林业科技，2006，26(3):25

47 李永军．桃园主要害虫的无公害防治[J]．中国果菜，2006(6):34

48 商蓉．草履蚧防治要点[J]．园艺博览．2006(12):37

49 梁萍，黄艳花．桃介壳虫药剂防治试验[J]．广东农业科学，2005(6):69～70

50 李永军．桃园主要害虫的无公害防治[J]．中国果菜，2006(6):34

51 高增海．果树冻害的发生及预防措施[J]．北京农业，2006，(1),:26

52 王朝祥．平原地区桃园防涝措施[J]．西北园艺，2006，(6):29～30

53 黄万荣，白景云，韩涛等．短时升温对桃果实贮藏效应的影响[J]．果树科学，1993，10(2):73～76

44 龚宇同，宗文．复合型二氧化氯保鲜剂对大久保桃采后生理的影响[J]．食品工业科技，2004，(4):126～128

55 边卫东．桃保护地栽培100问[Z]．北京：中国农业出版社，1999

56 朱更瑞．优质油桃无公害丰产栽培技术[Z]．北京：科学技术文献出版社，2005